Dreamweaver 網頁設計輕鬆入門
Dreamweaver CC 2021
(附多媒體光碟)

謝碧惠　編著

 全華圖書股份有限公司　印行

序言

對於想要學習如何開發一個完整網站的人員，經常會有種困惑，我該從哪裡開始進行？需要具備何種知識才能做出專業的網頁？需要使用哪一套軟體才能完成我想要的功能。

Dreamweaver 是一套整合網頁及網站的開發工具軟體。Dreamweaver CC 2020/2021 版除了增強原有的功能之外，還提供了「Bootstrap 整合增強功能」、「程式碼格式增強功能」，讓使用者具有更便利的開發功能。

本書籍是以初學者的觀點來學習如何從無到有來架設網站，以及正確學習網頁開發的概念。我們可以透過每章介紹的軟體操作，按照步驟說明逐步操作便可輕鬆完成範例。

本書籍的安排是採用漸進式方式來學習網頁設計。主要分為四部份：網站設計基礎概念篇、Dreamweaver CC 基礎學習篇（文字、圖片、多媒體、表格）、Dreamweaver CC 進階學習篇（CSS 樣式設定、版面物件設計、網路資源的使用與範本應用）、Dreamweaver CC 互動式網頁學習篇（互動式表單製作、BootStrap 組件、JQuery Mobile 應用、jQuery UI 組件應用）等。

即使再複雜的功能，也是由最基礎的架構開始。因此，把基礎打好、觀念正確，也可以成為網頁設計的高手。

謝碧惠

2020.12

目錄
Contents

目錄
Contents

Dreamweaver CC 互動式網頁學習篇

>> 網站基本概念

課堂導讀

　　學習網頁設計的第一步，要先了解網站與網頁的相關概念。本章介紹如何從無到有，開始規劃你的網站，首先從網站與網頁關係開始討論，接著說明如何從網站規劃、網頁製作以及如何上傳及維護網頁觀念。

學習重點提要

- 網站與網頁的關係。
- 了解網頁組成元素。
- 了解網頁的版面配置。
- 了解網站的製作流程。

1-1 網站與網頁

　　網站（Web）是由許多網頁所組成。網頁與網頁之間的連結主要是透過超連結（hyperlink）方式呈現，也就是說當你連接到那段文字時，會出現一個類似手指的圖示，只要點選之後，便會自動連結到另外一個網站或網頁。當你連接到某個網站時，首先看到的第一個網頁，稱為首頁，通常網站首頁命名為 index.html。

　　網站既然是由網頁所組成，當然會使用一些常用的架構來進行開發，而這些架構的發展需要考量網站的風格、功能等因素，也可以用手繪的方式，再擇一挑選。以下是常見架構的說明。

1. 線性架構

　　線性架構是指在設計網頁時，網頁的連結類似一頁接著一頁，當你連結第一頁時，按它的超連結網址便會指向下一頁，此種架構適合用於簡單的網頁介紹。

2. 樹狀架構

　　就是樹的概念，逐層發展，像一棵樹的方式展開網頁，先有樹根，再延伸至樹枝，每一根樹枝再往外延伸。樹根就是首頁，樹枝把它視為所連結網頁。

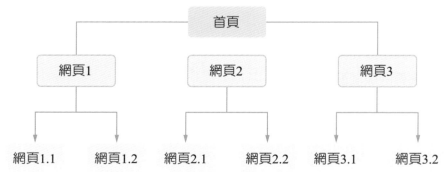

1-2 網頁組成元素

　　開發網站的第一件事情，就是要先了解什麼是網頁、網頁的組成以及網頁版面風格。我們可以分為網頁組成及版面配置兩部份來進行討論。網頁可以分為靜態網頁及動態網頁。

　　靜態網頁的組成包括：HTML、圖片、影片、動畫。靜態網頁的開發，偏向於文字、圖片、動畫等方式呈現，設計者只要針對你所想要呈現的風格，了解網頁相關組成的元素使用方式即可。

　　動態網頁的設計會使用到程式語言。動態網頁除了上述的組成之外，包含了資料庫、JavaScript。動態網頁的開發，因為牽涉至後端資料庫部份與前端資料庫的連結，建議開發者需要具備程式設計基礎比較能夠架輕就熟。靜態網頁與動態網頁之間的差異，在於是否有使用到程式語言，因為靜態網頁的設計不會使用到程式語言。

　　靜態網頁的開發，需要了解 HTML 的基本語法、CSS 語法、影像軟體的使用（ex：Photoshop）、影片處理（例如：Premiere Pro）使用等，或者從網路上尋找現成的素材（或購買）。

【靜態網頁】

圖片來源：https：//www.ksml.edu.tw/

【動態網頁】

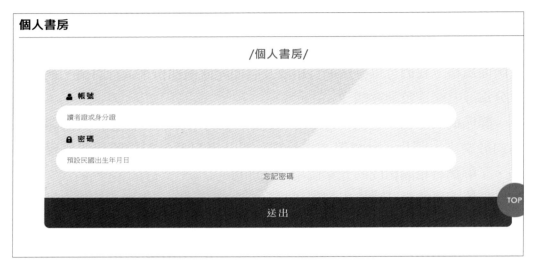

圖片來源：https：//www.ksml.edu.tw/

1-3 網頁的版面配置

在進行網頁設計時，首先需考量你想要呈現的視覺效果及風格，必須了解網頁的版面配置，在撰寫網頁的時候，它已經是事先規劃好所呈現的方式。網頁元素不只是簡單的文字格式，可能包括了：圖片、動畫以及影片…等。以 Dreamweaver 而言，若是初學者可以從它提供的初學者範本來進行開發，目前提供了單一頁面、多欄、簡單格線。初學者範本中提供基本面板、Bootstrap、電子郵件範本、回應式開發入門等。操作順序如下面編號：1、2、3。

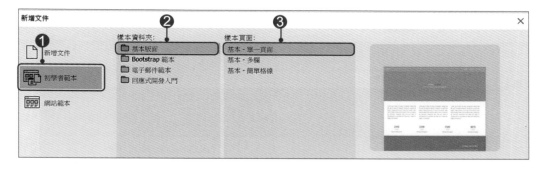

【單一頁面】

【多欄】

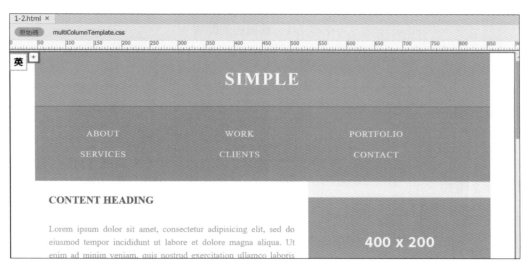

【簡單格線】

Dreamwaver 提供這些範本，對於初學者而言，只要選擇適合的版面再依據版面預定的資訊輸入，可以快速的完成網頁。比較常見的網頁版面配置，如表 1-1 所示：

❖ 表 1-1　網頁版面配置

版面分類		特色說明	使用時機
垂直 2 欄式		通常垂直 2 欄式的版面的左邊會放選單，右邊則是對應的內容。	通常適合分類較少及內容不多的網站。
水平 2 欄式		通常水平 2 欄式的版面的上方會放選單，下方則是對應的內容。	通常適合分類較少及內容不多的網站。

版面分類	特色說明	使用時機
垂直 3 欄式	將網頁以垂直的方式劃分為 3 欄。	可以呈現類似雜誌的版面。
水平 3 欄式	將網頁以水平的方式劃分為 3 欄。	適合用於表達平穩方式的網頁呈現。
倒 L 型版面	上方、左側皆可放置選單。	適合分類、內容多的網站。
ㄇ字型版面	上方、左側及右側皆可放置選單。	適合分類、內容多的購物網站。

1-4 網站製作流程

　　架設網站的原因，有可能是因為公司的請託或者是自己想要建置一個屬於個人的網站。因此，必須了解建置網站的目的，依據網站的目的，再進一步構思網站的功能及風格。像是建置網站的目的有可能是替公司的產品進行銷售、廣告推廣、產品維護、教學平台或者與客戶一個互動平台等。因著建置網站的目的不同，所提供的內容及呈現的功能也會有所不同。

　　建置網站的流程，基本上與系統開發作業流程相差不大。一般而言，可以分為幾個步驟：

第一階段　規劃階段

1. 訪談階段

在此階段需要與使用者確認需求,若是網站建置是一個團隊合作,在這個團隊中分工當中,可能是專案經理與工程師和對方的負責人進行需求訪談,這個階段時間可能會花費較多時間,訪談的內容包括:目標方向、風格、功能及內容。每次會議結束後,建議寫上會議記錄,直到雙方的認可後,再進行下一個階段。

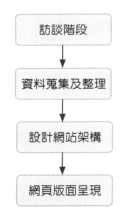

圖 1-1　規劃階段建議流程圖

2. 資料蒐集及整理

依據每個功能項目,蒐集內容,再歸納整理、分類。資料蒐集可以來自報章、雜誌、各種類似的網頁以及部落格的文章等。當然,這些蒐集來的資料必須轉換成有用的資訊才有意義,而不是照單全收。

3. 設計網站架構

依據上述需求規劃後,可以開始著手繪製功能表。一般而言,可先把大功能條列出來,再細分小功能。網站架構牽涉到網站架設方式是採用何種作業系統,例如是以 Windows 系統為主,還是以 Linux 為主,作業系統不同所採用的技術也會不同。例如:作業系統若是採用 Windows 系統,網站伺服器可能是以 IIS(Internet Information Services,簡稱 IIS)或 Apache 伺服器為主。網頁程式開發部份皆可使用 Dreamweaver 為開發介面。若是需要使用到動態網頁,則需用到資料庫。我們把網站開發所需要用到的網站伺服器、資料庫、開發程式語言的建議軟體,如表 1-2 所示。

❖ 表 1-2　網站開發所需軟體

項目	IIS	Apache
作業系統	Windows	Linux 或 Windows
資料庫	SQL Server、DB2、Access	MySQL
網頁程式語言	ASP、PHP	PHP

4. 設計各個網頁版面的呈現

針對公司或個人建置網站目的或目標，設定主題或風格。以現今而言，網頁的呈現不再是以電腦為基礎，有可能是透過手機或平板來查閱網站，其呈現的效果會有所不同，因此在設計網頁時，必須將各種載具考慮進去，電腦、手機或平板電腦等等。

另外一個考慮因素是解析度的問題。早期撰寫網頁設計時是以電腦為基礎，像素是以 1028 × 768 為主，通常在網頁的最下方都會提醒最佳瀏覽的解析度說明。隨著手機普及，智慧型手機、平板電腦的興起，網頁設計師會考慮採用「響應式網頁設計」，符合不同顯示器的需求。

因此，在響應式網頁設計的前提下，電腦的最低寬度底限為 1280 像素，智慧型手機則為 640 像素，有些設計者會額外增加 960 像素用於平板電腦，主要是看設計需求。

TIPS

　　響應式網頁設計（英語：Responsive web design，通常縮寫為 RWD），或稱自適應網頁設計、回應式網頁設計、對應式網頁設計。它是一種網頁設計的技術做法，該設計可使網站在不同的裝置（從桌面電腦顯示器到行動電話或其他行動產品裝置）上瀏覽時對應不同解析度皆有適合的呈現，減少使用者進行縮放、平移和捲動等操作行為。（資料來源：維基百科）

第二階段　　製作階段

　　此階段是依據規劃階段所設計的網頁，開始利用 Dreamweaver 的軟體進行建置。當然在開始建置網頁之初，必須先建置一個虛擬網站。如下圖所示：

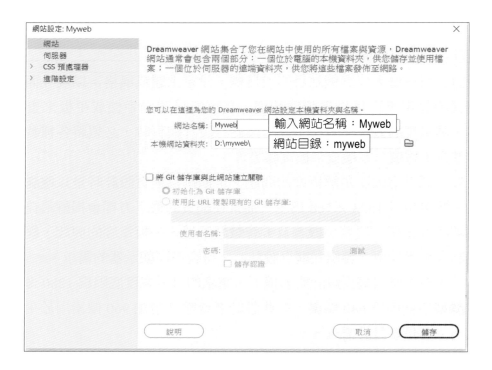

　　在虛擬網站下可以建置不同的子目錄，例如：建置一個 Images 目錄，純粹放置圖檔。建置一個 CSS 目錄，放置 CSS 檔案等，以此類推。至於，檔案命名方式，採用有規律性命名方式為主。也可以製作對照表，這樣處理有個好處是方便管理及維護。

　　通常，網站的首頁命名為 index.html。每建置完一個網頁，可利用 Dreamweaver 的預覽功能查看所設計的網頁在各式裝置下所呈現的樣式。Dreamweaver 提供 Google Chrome、Internet Explorer、Microsoft Edge 等瀏覽器預覽，手機或平板可採用 QR Code 方式來進行預覽。

檔案命名方式可參考下圖：

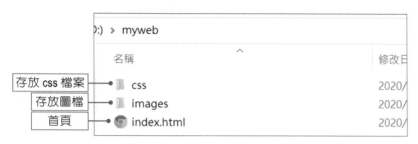

新增網站之後，便可以開始撰寫網頁。但需要注意一件事情，因為，瀏覽器的不同或者瀏覽器版本不同，有可能會導致網頁無法正常運作，因此，在撰寫網頁之前，必須確認相容性的問題，最好的方式可在首頁註明適用的瀏覽器。目前常見的瀏覽器有 Microsoft Edge、Internet Explorer、Chrome、Firefox 等。

第三階段　上傳及維護

1. 網站上傳

   網頁撰寫完畢之後，經由測試無誤，便可上傳到網路伺服器。Dreamwaver 內建了檔案伺服器（FTP）的功能，透過它可直接將檔案上傳至伺服器。

2. 網頁維護

   網站一旦對外公開之後，有可能因為資訊的新增，必須增加網頁或將過時的網頁下架，此時，就必須有特定的人員來進行網頁維護，以維持網站的最新狀態。通常會在網頁的下方註明「更新日期」，讓網站的使用者才能知道目前的資訊是何時，另一方面，也可以讓網頁設計師清楚的知道網頁的最後修改日期。

本章習題

一、是非題

(   ) 1. 一個網站只允許一個網頁。

(   ) 2. 網頁架構比較常見的有線性架構及樹狀架構。

(   ) 3. 一般而言，網頁的製作可以分為靜態網頁及動態網頁，兩者差別是在於需不需要使用到程式語言。

(   ) 4. 當你設計一個購物網頁，比較適合採用的版型為「ㄇ字型版面」。

(   ) 5. 若是初學者打算開始製作網頁，最好的學習方法就是利用 Dreamweaver 的範本開始。

(   ) 6. 撰寫好的網頁，可以利用 Dreamweaver 的預覽功能即時預覽，包括：可以使用 QR Code 在手機。

(   ) 7. L 型版面配置通常適合分類較少及內容不多的網站。

二、選擇題

(   ) 1. Dreamweaver CC 提供了哪些基本版型

     (A) 單一頁面   (B) 多欄   (C) 簡單格線   (D) 以上皆是。

(   ) 2. 若是你的網頁是屬於分類、內容多的網站？

     (A) 垂直 2 欄式   (B) 水平 2 欄式   (C) 倒 L 型版面   (D) 垂直 3 欄式。

(   ) 3. 有關響應式網頁設計 (RWD) 以下說明何者是錯的？

     (A) 或稱自適應網頁設計   (B) 它是一種網頁設計的技術做法

     (C) 它只適合用於桌上型電腦   (D) 對應不同解析度皆有適合的呈現。

>>Dreamweaver 環境介紹與入門操作

課堂導讀

　　開始學習網頁製作時，除了了解網頁製作的流程之外，也需要了解使用的工具及善加利用。本章主要是介紹 Dreamweaver CC 2021（簡稱：Dreamweaver）系統的作業最低需求，基本功能以及偏好設定。熟悉 Dreamweaver 環境之後，再著手開發網頁，可以加速網頁製作的時間。

學習重點提要

- 認識 Dreamweaver 系統環境。
- 了解 Dreamweaver 的工作環境。
- 學習 Dreamweaver 的控制面版操作技巧。
- 學習如何設定偏好設定。

2-1　Dreamweaver 簡介與系統需求

Dreamweaver 原本是 Macromedia 公司所開發的產品，後來被 Adobe 公司所收購，Dreamweaver 8 是 Macromedia 被收購前的最後版本。收購後由 Adobe 繼續發展 Dreamweaver，由版本 9 開始改以 CS3（Creative Suite）命名，並併入當時的 CS3 套裝。以 CS3 開始命名而非 CS1，相信是為了與其他 Adobe CS 產品版本看齊，避免混淆。它使用所見即所得的介面，亦有 HTML 編輯的功能。它現在有 Mac 和 Windows 系統的版本。

Adobe 公司採用 Adobe Creative Cloud 提供使用者線上租用的方式，讓使用者進行下載。試用版只提供 7 天期限。至於，使用 Dreamweaver CC 2021 的系統最低需求，如表 2-1 所示：

❖ 表 2-1　Dreamweaver 的最低系統需求

類別	最低需求	
	Windows	**macOS**
處理器	Intel® Core 2 或 AMD Athlon® 64 處理器；2 GHz 或更快的處理器。	支援 64 位元的多核心 Intel 處理器。
作業系統	Microsoft Windows 10 版本 1903 (64 位元) 或更高版本。	macOS v11.0 (Big Sur)、macOS v10.15、macOS v10.14。
記憶體	2 GB 的 RAM (建議使用 4 GB)。	2 GB 的 RAM (建議使用 4 GB)。
硬碟空間	2 GB 的可用硬碟空間用於安裝作業；安裝期間需要額外可用空間 (大約 2 GB)。Dreamweaver 無法安裝在卸除式快閃儲存裝置上。	2 GB 的可用硬碟空間用於安裝作業；安裝期間需要額外可用空間 (大約 2 GB)。Dreamweaver 無法安裝在卸除式快閃儲存裝置上。
螢幕解析度	1280 x 1024 螢幕解析度，16 位元顯示卡。	1280 x 1024 螢幕解析度，16 位元顯示卡。
網際網路	您必須具備網際網路連線並完成註冊，才能啟用軟體、驗證訂閱並存取線上服務。	您必須具備網際網路連線並完成註冊，才能啟用軟體、驗證訂閱並存取線上服務。

資料引用：https://helpx.adobe.com/tw/dreamweaver/system-requirements.html

2-2　Dreamweaver 環境介紹

從 Adobe Creative Cloud 下　載
完畢後，在「所有程式」中會看到
Adobe Dreamweaver 2021。

將滑鼠移至「Adobe Dreamweaver 2021」點選它，會出現以下畫面：

　　Dreamweaver 啓動畫面可以區分爲：功能表、一般工具列、首頁（也可以稱爲開始歡迎畫面）、浮動面板以及雲端同步按鈕。啓動畫面最上方是【功能表】包括：檔案、編輯、檢視、插入、工具、尋找、網站、視窗、說明。在左側是【一般工具列】這個部份可以透過自訂工作列的方式將常用的功能設定於此，如下圖所示。

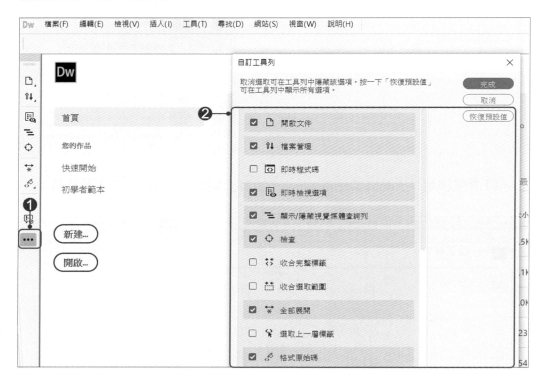

　　中間是啓動畫面的首頁也可以稱爲開始歡迎畫面。若是已經開始開發撰寫，可以稱它爲工作區。網頁的編輯以及程式撰寫可在此區完成。右側是【浮動面板】，此處的面板可以透過【F4 快速鍵】進行隱藏 / 顯示的切換。右側上方 它是雲端同步按鈕。

　　展開【功能表】可以執行各種命令。【功能表】提供了檔案、編輯、檢視、插入、工具、尋找、網站、視窗、說明等功能。命令也可以透過編輯區，按滑鼠的右鍵，也可以出現快顯功能表。爲了提升編輯的效率可以採用上述兩種方法。

1.　下拉式功能表

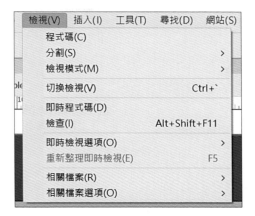

2.　按右鍵出現快顯功能表

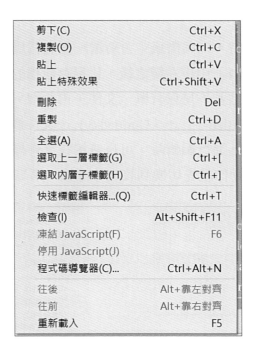

　　文件視窗是編輯與顯示的地方，主要由檔案標籤、文件工具列、編輯區及狀態列所組成。有關文件視窗相關說明，在文章的後面有詳細說明。

檔案標籤

　　一旦有新的文件時，檔案標籤中會新增一個名稱為「Untitled-1」內定名稱。可以在「Untitled-1」中按右鍵之後，以另存新檔的方式，更改它的檔案名稱。但是，一個網站並不是只有單一文件，再新增另外一個文件時，它的檔案名稱陸續以「Untitled-2」、「Untitled-3」…文件標籤持續編碼，直到你更改檔名為止。在開始進行編輯時，可以直接在文件標籤中，直接切換。若是需預覽時，第一個動作就先切換到該文件標籤，第二個動作進行預覽。

文件工具列

　　文件工具列提供程式碼、分割、設計三種模式。程式碼模式指的是編輯區只呈現程式，分割模式可將設計與程式在同一個編輯區，設計模式純粹只出現設計的編輯畫面。上述的三種模式可在開發網頁時的應用，可以加速網頁的速度。

1. 程式碼模式

2. 分割模式

3. 設計模式

編輯區

　　編輯區是製作網頁內容的主要區域。在不同模式下，編輯區可呈現不同的作用。在程式碼檢視模式下，只會出現程式碼；程式與設計檢視模式下，編輯區會劃分成兩部份，在上半段出現的是設計檢視，使用者可以在此處編輯網頁的相關元素，例如：文字、表格、圖片、影片等。

　　在下半段是程式碼的部份，它會對應設計模式下的程式碼，修改程式碼同時也會異動網頁設計部份，相對地，若有異動網頁設計部份，程式碼也會跟著異動。若是在設計模式，整個編輯區只會出現網頁相關元素，例如：文字、插入圖片、表格設定、超連結等。

1. 編輯模式

2. 檢視模式

在設計檢視下可以切換至即時模式（如下圖）。

狀態列

狀態列會顯示目前選取或編輯中的 HTML 語法、網頁的視窗尺寸（圖1）、預覽方式（圖2）。

圖 1	圖 2

屬性面板

Dreamweaver 啟動畫面中並未顯示屬性面板，若需要使用屬性面板可以從「視窗→屬性」開啟或從編輯區按右鍵會出現對應的屬性，當你在編輯區選擇不同元素時，屬性面板就會自動變成對應設定的屬性。例如：頁面有頁面對應的屬性，文字有文字的相關屬性。

如何調整 Dreamweaver 的面板配置

Dreamweaver 將網頁製作各項控制功能分別放在兩側，透過自行收放的方式來處理，以增加編輯區的空間。待有需要使用時，可透過功能表的【視窗】開啓你所需要的控制面板。大部份的控制面板可使用 ▶▶ 進行收合與展開。

收合之後的結果，可騰出空間來編輯網頁。

2-3 偏好設定

　　開始進行網頁開發時，可將一些比較常用的設定，在「偏好設定」中進行設定。Dreamweaver 提供的偏好設定的分類包括：一般設定、CSS 樣式、Extract、Git、Linting、PHP、W3C 驗證工具、介面、即時預覽、同步化設定、字體、應用程式內更新、改寫程式碼、新功能指南、新文件、標示、檔案型態 / 編輯器、檔案比較、程式碼提示、程式碼格式以及網站等偏好設定。我們介紹幾個比較常用的偏好設定做說明。首先，先把滑鼠移到「編輯→偏好設定」，進入偏好設定的頁面。

啟動畫面開啟 / 取消設定

　　Dreamweaver 啟動時都會出現「啟動畫面」，假設不想一開始就出現啟動畫面，便可到「偏好設定→一般設定→文件選項」中進行設定。

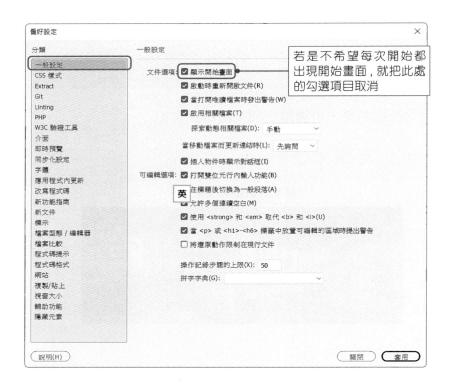

Dreamweaver 介面背景設定

　　想要變更介面的背景，可到「偏好設定→介面」選項中進行設定。
Dreamweaver 提供了「應用程式主題」、「程式碼主題」相關設定。

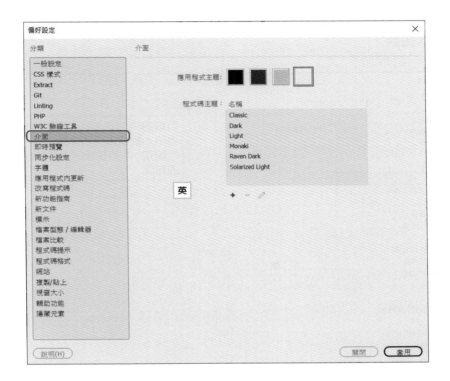

PHP 版本設定

　　當我們想要開始撰寫動態網頁時，若是採用 PHP 程式語言，必須知道使用的 PHP 版本為何。目前支援的版本有 PHP 5.6 及 PHP 7.0。可將滑鼠移到「偏好設定→ PHP」選項中進行版本設定，以免發生指令不相容的情形，導致程式錯誤。

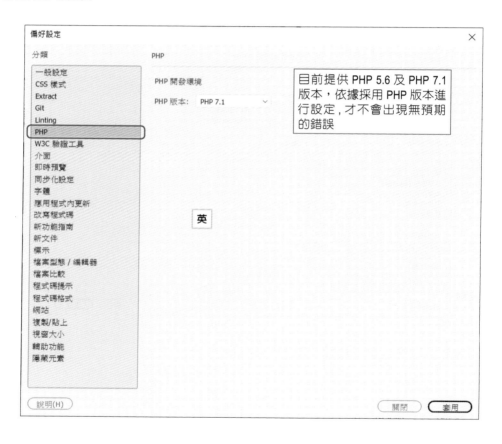

設定即時預覽的瀏覽器

　　我們在進行網頁設計時，需要直接到瀏覽器中查看所設計的效果。每個人可以依據自己常用的瀏覽器進行設定，Dreamweaver 提供 F12 快速鍵可以直接開啓瀏覽器。將滑鼠移到「偏好設定→即時預覽」選項中，進行設定。

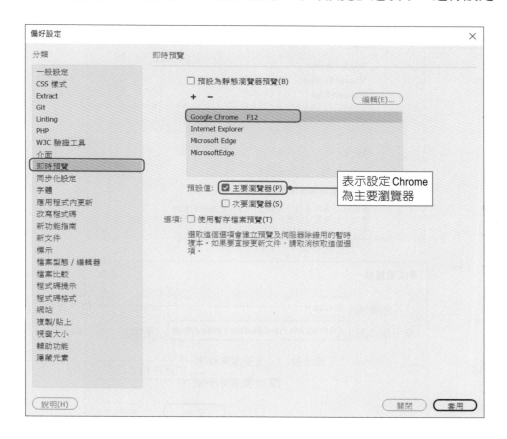

若是使用的瀏覽器不在內訂的選單中，可以將滑鼠移至「＋」新增瀏覽器名稱。

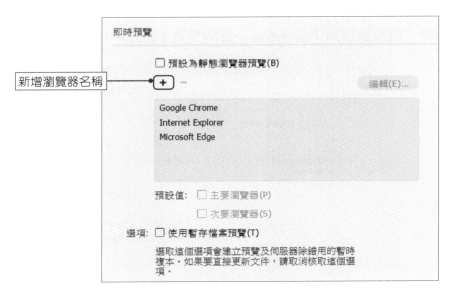

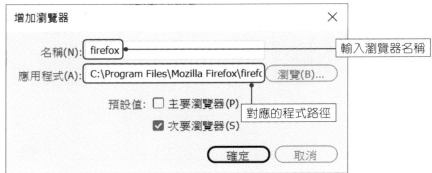

設定完成後，則會出現在即時預覽的清單中。

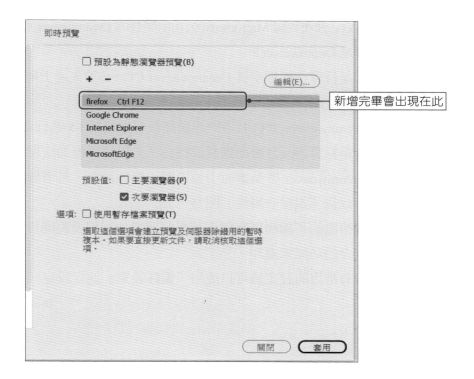

本章習題

一、是非題

(　　) 1. Adobe 公司收購 Macromedia 公司所開發的 Dreamweaver 產品，最後版本是 Dreamweaver 8。

(　　) 2. 若是打算在家裡安裝 Dreamweaver CC，必須先連上網路再註冊一個 Adobe ID 才可以下載 Dreamweaver CC。

(　　) 3. Dreamweaver 面板右邊的浮動面板可以使用 F5 進行切換。

(　　) 4. 若是打算邊設計畫面邊修改程式，可以使用程式檢視模式。

(　　) 5. Dreamweaver 啟動畫面中並未顯示屬性面板，若需要使用屬性面板可以從「視窗→屬性」開啟。

(　　) 6. 編輯區的可編輯區有限，若是需要增加編輯區範圍可以使用隱藏或收合的功能來處理。

(　　) 7. 若有常用的設定值可以使用「偏好設定」進行設定。

3

≫開始我的第一個網頁

課堂導讀

　　本章主要學習如何開始建立一個新的網頁及網站建置。介紹網頁的頁面屬性及 Div 的應用。完成所規劃的網頁之後，利用【即時】或按【F12】按鍵透過瀏覽器來檢視設計好的網頁。

學習重點提要

- 學習如何建立網站與新增網站。
- 新增與儲存網站。
- 設定頁面屬性。
- 插入圖片及加入超連結。
- 以絕對定位的 Div 任意放置網頁元素。
- 模擬在手機、平板等各種裝置上瀏覽網頁。

3-1 設定本機網站資料夾

　　一開始要建置網站時，首先，我們會在自己的硬碟建置一個目錄，而這個目錄的內容只存放網站所需要的檔案，包括：網頁、圖片、CSS、音樂或其他相關素材等。因此，我們必須在 Dreamweaver 中來建置網站。操作步驟如下：

01 將滑鼠移至「網站→新增網站」。

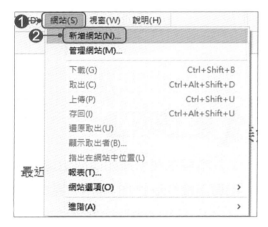

02 系統會開啓下面這個畫面，我們需要設定預存取的【網站名稱】及【網站所需要的資料夾】。

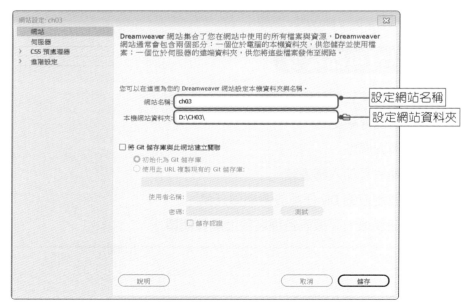

03 建置完畢後，在 Dreamweaver 的【檔案】面板會把該目錄的相關檔案顯示
於此。

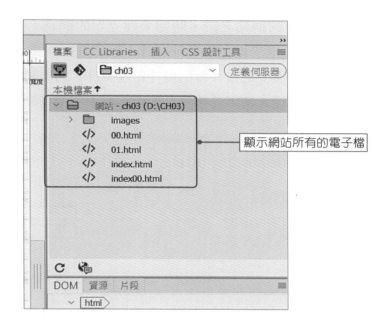

顯示網站所有的電子檔

3-2 新增與儲存網頁

建立好一個新的網站之後，開始來建立新的網頁。在 Dreamweaver 新增空白網頁有兩種作法：從 Dreamweaver 歡迎畫面中按下【新建】或者是從「檔案→開新檔案」之後，會出現【新建文件】的對話視窗（如下圖）。然後，依序設定之後，按下【建立】便會新增一個空白網頁。

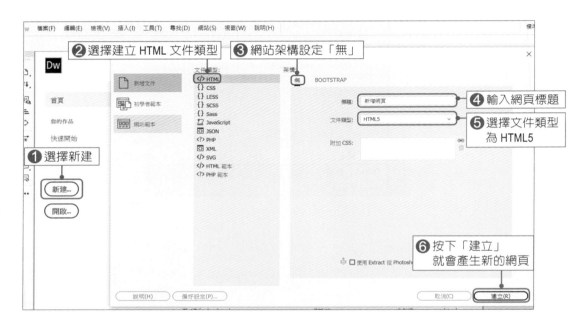

相關設定說明如下：

1. 文件類型

   Dreamweaver 提　供　HTML、CSS、LESS、SCSS、Sass、JavaScript、JSON、PHP、XML、SVG、HTML 範本、PHP 範本等類型的文件類型。本範例使用了 HTML 文件類型。

2. 架構

   這裡指的是網站類型，目前有兩種：「無」以及「BOOTSTRAP」網站。無：表示新增一個單純的空白版面。BOOTSTRAP 網站：它的優點就是

內建豐富的樣式，包括：面板、標籤、按鈕等。有關 BOOTSTRAP 網站在後面的章節會有詳細說明。

3. 標題

這裡是指每一個網頁的標題，網頁標題可以在網頁編輯時再來進行修改。

4. 文件類型

這裡指的是 HTML 的文件類型，HTML 的版本有多種型態，在本範例中使用 HTML5 的文件類型，但是也會因為瀏覽器是否支援而有所不同。

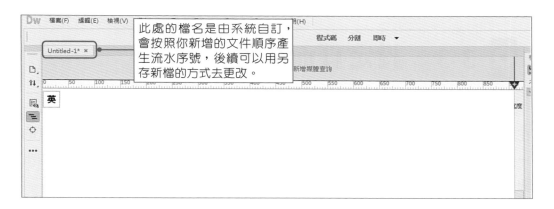

接著，我們把新增的空白網頁另存新檔，操作步驟如下：

01 將滑鼠移到「檔案→另存新檔」，出現畫面如下：

02 檔名設定為「index.html」。通常網頁的首頁會以「index.html」來命名。

雖然 Windows 作業環境下，檔名可以支援中文、英文名稱。但是，並非所有的應用軟體皆支援中文名稱，尤其，網頁是可發佈在全球網路上，爲了避免在網頁解析檔名時，造成無法辨識的情形，因此，在進行檔案命名時，有幾點建議提供給大家參考。

(1) 請避免使用中文或全形符號。
(2) 最好統一使用小寫英文。
(3) 檔名中不要有空格。

3-3 設定頁面屬性

當我們建立好新的 index.html 網頁後，接著來進行【頁面屬性】的設定，在【頁面屬性】中所設定的相關屬性便會套用在網頁中，以便維持網頁的一致性。【頁面屬性】包括：背景圖、字型、大小與顏色等設定。操作步驟如下：

01 打開【屬性面板】，如果已經被關閉了，可以從「視窗→屬性」中開啓。開啓【屬性】面板之後，接著依規劃去進行設定。本範例中，字體的大小設定為 12。

02 在【屬性】面板中，我們可以透過下面的【頁面屬性】來進行網頁的頁面
設定。

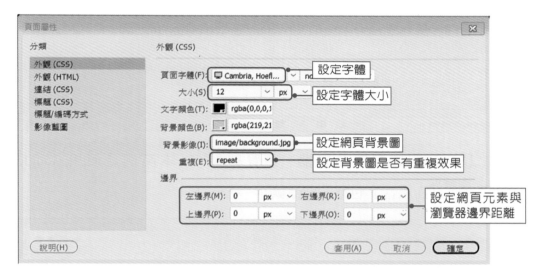

　　背景圖可以選擇 4 種重複效果：repeat、repeat-x、repeat-y、no-repeat，
如表 3-1 所示。

❖ 表 3-1　背景圖可以選擇 4 種重複效果

repeat	主要是讓背景圖可以水平及垂直重複。
repeat-x	背景圖水平重複。
repeat-y	背景圖垂直重複。
no-repeat	不重複背景圖。

　　在本範例中，選擇「repeat」效果，至於如何去判斷是否選擇重複或不
重複，可以視你所採用的背景圖而訂，例如：小圖可以選擇水平及垂直重複，
讓它填滿整個網頁。設定完成後的畫面如下：

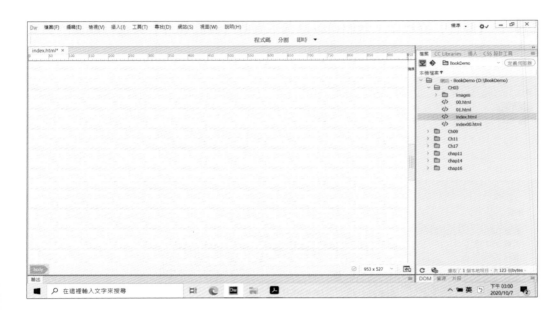

　　按【F12】開啟預覽瀏覽器，預覽結果。（本範例是使用 Google Chrome 瀏覽器）。

3-4　使用絕對定位Div來設定網頁元素

新增網頁之後，緊接著要把你想要放的元素（例如：圖片、文字）放入網頁中，之前可以使用表格的方式來編排元素，在 Dreamweaver CC 的版本便可以「Div」方式建立區塊，必須把建立好的Div區塊部份的位置設定為「絕對定位」，便可依據你所想要的位置來放置。下圖是本範例預計完成的網頁。

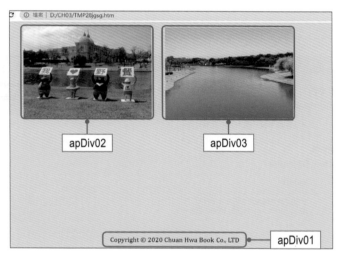

我們以 Div 方式切出三個區域，分別命名為：apDiv01、apDiv02、apDiv03。apDiv01 的位置輸入文字，其他兩個區域放入兩張圖片，各別是 1.jpg 及 2.jpg，其操作步驟如下：

01　將滑鼠移至預插入 Div 的地方，再到移至插入面板中，執行 Div 指令。

02 出現下面畫面，我們設定 ID 名稱為 apDiv01，移至【新增 CSS 規則】

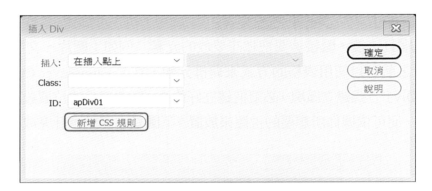

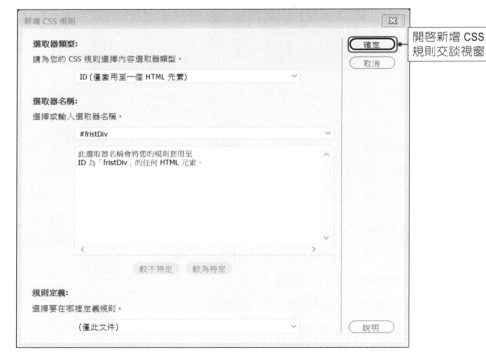

開啟新增 CSS
規則交談視窗

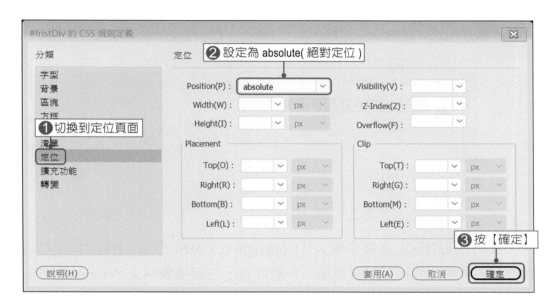

 TIPS

　　若之前你是使用 Dreamweaver CS6 以前的版本，可以使用 AP Div 功能來建立可以任意擺放的區塊。由於 Dreamweaver CC 版本已經移除 AP Div 功能。因此，本範例中可以利用 Div 建立一般區塊，再設定為絕對定位，設定後的效果與先前版本以 AP Div 效果是一樣的。假設你並沒有把 Div 設定為絕對定位，那麼該設定好的 Div，則無法在網頁中任意放置。

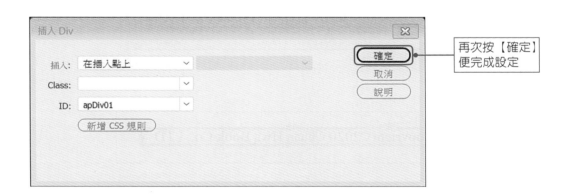

完成後的頁面。

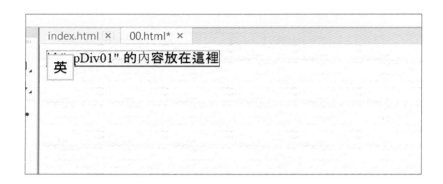

　　我們在 apDiv01 區塊中輸入「Copyright (c) 2020 Chuan Hwa Book Co., LTD」，再把區塊移至網頁尾端。一般而言，在版權聲明文字 Copyright 後面還需要加入一個 "©"。

　　操作步驟如下：

01　從「插入→ HTML →人物：其他字元」進行設定。

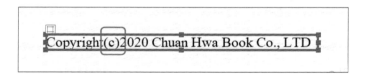

02　設定完結果。

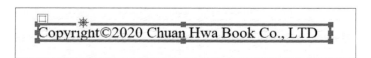

接著，我們再使用同樣的步驟，把 apDiv02、apDiv03 的區塊劃分出來。apDiv02 及 apDiv03 的寬、高分別設定為寬 300 px、高：225 px。我們可以直接使用滑鼠拖曳 8 個角來設定或者從【屬性】面板來進行設定。

01 使用滑鼠拖曳 8 個角其中之一，便可將寬度及高度拉開來設定。

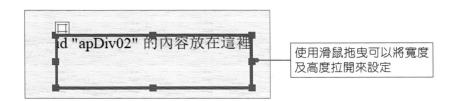

02 從【屬性】面板來進行寬度及高度的設定。

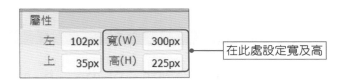

03 設定好的結果如下：

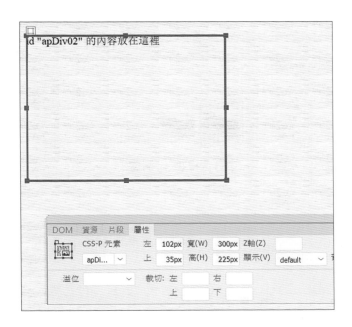

04 同樣的方式，再把 apDiv03 區塊完成。

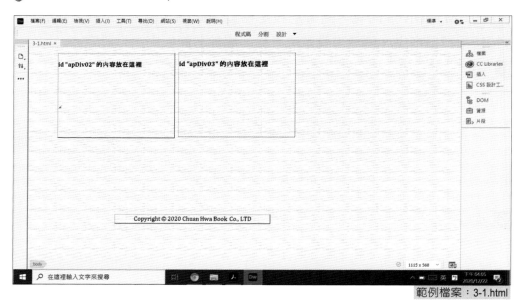

範例檔案：3-1.html

完成 apDiv02、apDiv03 之後，分別在 apDiv02、apDiv03 區塊插入圖片 1.jpg、圖片 2.jpg。操作步驟如下：

01 將滑鼠移到「插入→ HTML → Image」。

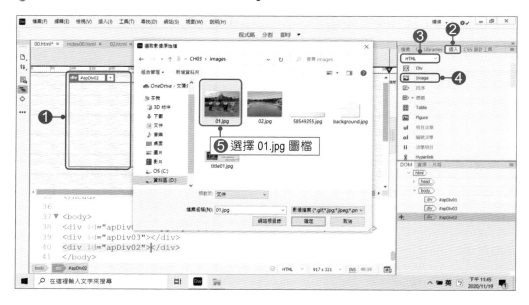

02 選擇 01.jpg 圖檔，出現畫面如下：

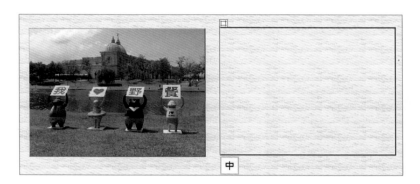

03 最後，針對 apDiv03 重複步驟 1、步驟 2。完成之後如下圖：

範例檔案：3-1_ok.html

若是想要在 apDiv02 的圖片加入超連結，操作步驟如下：

01 將滑鼠移至 apDiv02 區塊，再開啟【屬性】面板，在連結處，設定連結的網址或網頁。本範例是連接至 https://www.chimeimuseum.org/ 網址。

02 設定完畢之後，按下【F12】預覽設定後的結果，如下圖：

範例檔案：3-2.html

3-5　即時檢視與預覽網頁

當我們把所規劃好的網頁在 Dreamweaver 完成後，我們可以透過【即時】或是按下【F12】功能鍵方式來進行預覽。

即時檢視

利用編輯功能下的【即時】預覽設計好的效果。

按下 ▤ 可以查看元素的相關屬性。

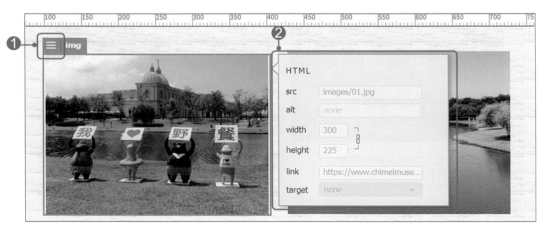

先前，針對 apDiv02 區塊在插入圖片中設定超連結，但是在檢視中卻看不到效果，若是要測試超連結是否正確，那麼可在 🖳 開啟【跟隨連結】選項便可以進行測試。

設定好【跟隨連結】選項之後，按下【Ctrl】+【滑鼠左鍵】會連接至所設定的網址或網頁。

連接到 https://www.chimeimuseum.org/ 網址。

預覽網頁

　　按下【F12】功能鍵啓動瀏覽器方式來進行預覽。在 Dreamweaver 中支援的瀏覽器有 Google Chrome、Internet Explorer、Microsoft Edge 等瀏覽器。我們可以在「編輯→偏好設定」中設定預設瀏覽器。

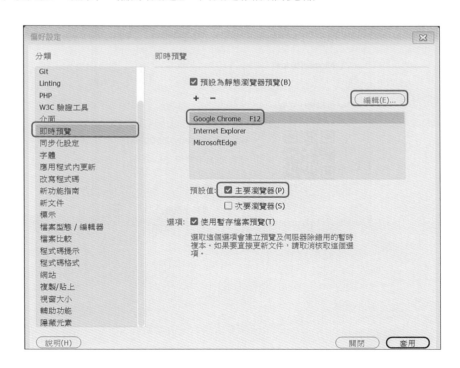

按下【編輯】之後，可針對所選定的瀏覽器進行相關設定。

在本章範例中是以 Google Chrome 為主要瀏覽器。若是想要再選擇其他瀏覽器來查看設定好的網頁。Dreamweaver 也提供 QR Code 方式檢視設定好的網頁。

以 Google Chrome 瀏覽器瀏覽結果。

掃描 QR Code 在手機瀏覽結果。

本章習題

一、是非題

( ) 1. 有關網頁命名方式會因系統在解析網頁檔名時，造成無法辨識的情形，盡量不要使用中文或全形符號。

( ) 2. 屬性面板一旦被關閉後，若要再次開啟可以使用「視窗→屬性」中重新開啟。

( ) 3. 在頁面背景圖可以選擇 4 種重複效果，repeat、repeat-x、repeat-y、no-repeat，其中，repeat 表示把圖片充滿整個畫面。

( ) 4. Dreamweaver CS6 之前的版本，是可以使用 AP Div 功能來建立可以任意擺放的區塊，由於 Dreamweaver CC 版本已經移除 AP Div 功能，因此，使用 Div 來建立區塊時，無需設定為絕對定位，仍然可以移動區塊。

( ) 5. 通常商標的設定，可在「插入→HTML→人物 : 版權」中進行設定。

( ) 6. Dreamweaver CC 有提供 QR Code 方式檢視設定好的網頁。

二、選擇題

( ) 1. 下列何者不是 Dreamweaver CC 預設好的瀏覽器？ (A)Google Chrome (B)Internet Explorer (C)Microsoft Edge (D) 以上皆是。

( ) 2. 如果想要在【即時】中開啟超連結，可以在 ▦ 中設定何項選項便可進行測試？ (A) 在即時程式碼中標示變更 (B) 跟隨連結 (Crtl+ 按一下連結) (C) 自動同步化遠端檔案 (D) 隱藏即時檢視顯示。

三、實作題

1. 請試著架設一個新的網站，網站目錄為 test，網站名稱為 testWeb。建置完畢後，試著看看系統的變化。

2. 請嘗試在架設好的網站中，建立一個新的網頁，網頁的檔名設定為 index.html，在該網中建置兩個區塊，分別命名為 a_Div、b_Div。建置完畢之後，利用預設的瀏覽器檢視。

a_Div	b_Div
天氣涼爽 , 今日去踏青	

4

≫文字編排與美化

課堂導讀

在網頁設計中最常見的元素是文字。本章將介紹文字在網頁中的輸入方式，輸入後的文字編排、美化，以及項目符號、編號設定使用以及如何運用雲端字型來製作標題文字。

學習重點提要

- 文字輸入方式。
- 項目符號及編號。
- 註解的使用。
- 水平線設定。
- 認識雲端字型在網頁上的應用。

4-1 文字輸入方式

在撰寫網頁當中，最常使用到的元素就是文字。文字的來源可能來自其他文件的某個段落，也有可能是從無到有，逐一輸入。因此，常見的文字輸入方式有：直接在網頁中輸入、透過文書軟體直接複製（Ctrl+C）、貼上（Ctrl+V）的方式輸入或者從其他網頁文字複製到記事本後再複製貼上。不管是採用何種方式，在網頁中仍然要進行編輯的動作。以下是文字輸入方式的說明：

4-1-1 直接在網頁輸入

我們可以在網頁直接輸入文字，但是，在網頁輸入一連串文字時，可能會遇到一個問題，就是輸入文字已經超過頁面寬度時，Dreamweaver 會自動換行。若是輸入文字未超過一行時，想要換下一行再編輯時，將滑鼠移動到換行的位置時，按下【Enter】鍵就可以進入分段、若是在換行的位置按下【Shift】+【Enter】便可直接換行。有時候，我們會對於【Enter】鍵及【Shift】+【Enter】在使用上可能有所疑惑，因此，在這做一個簡單的說明：【Enter】鍵換段、【Shift】+【Enter】換行。

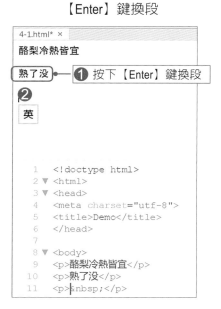

【Enter】鍵換段　　　　　　　　【Shift】+【Enter】換行

在進行網頁設計時，HTML 中 <p>、
 的語法很容易混淆。前者 <p> 為分段的意思，後者
 則為換行。例如：

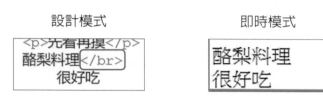

我們可以使用【分割模式】來查看程式語法，因此，建議設計者對於 HTML 語法要有所了解，有助於網頁設計，特別是 HTML 與 CSS 這兩種語言需要有些基礎再學習網頁設計，才會更加得心應手。

另外，一個比較常用到的輸入，就是「連續空白的輸入」。在 Dreamweaver 中利用「偏好設定→一般設計」中的「允許多個連續空白」的設定，這樣可避免輸入多個空白，在網頁中皆視為一個空白的現象。

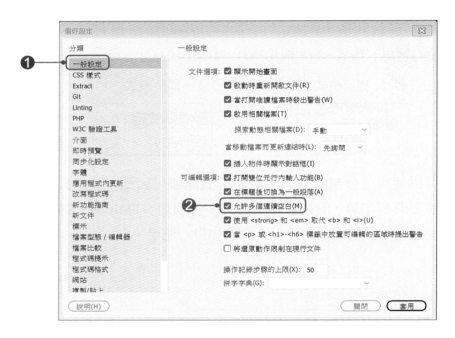

當網頁完成後，建議網頁設計者在網頁中插入日期，以方便後續維護者或者瀏覽該網頁的使用者清楚知道網頁的更新日期。日期時間的插入，可在「插入→ HTML →日期」來進行設定。

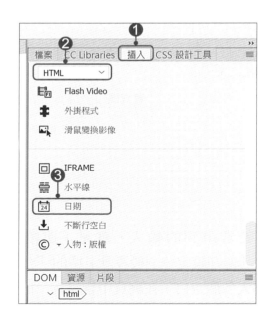

　　Dreamweaver 提供了幾種日期樣式。在本範例中，我們選擇「1974 年 3 月 7 日」格式。

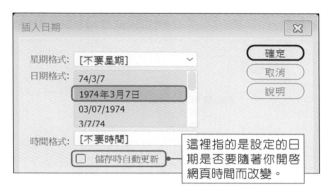

　　設定完畢，如下：

　　在【插入】面板中選擇【HTML】，提供了常用的 HTML 元件。例如：Div、表格（Table）、項目清單、編號清單、日期、字元等。

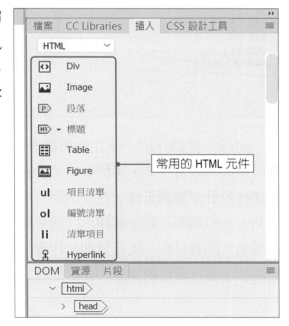

【隱藏元素】主要用來「輔助頁面編輯」的元素，它可以顯示頁面的一些相關資訊提供設計者參考，更重要的是那些資訊在瀏覽器中是不會呈現在網頁中。

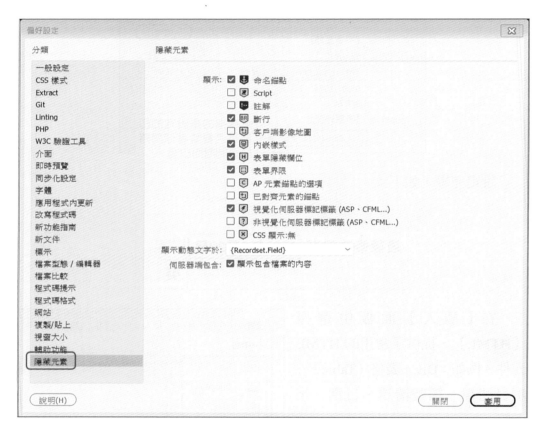

另外，我們介紹一個註解的概念。當你所設計網頁越來越多的時候，有時候因為時日一久，可能會忘了當初設計該網頁的目的，為了方便維護，建議在設計每個網頁時，在每個網頁中建立註解，這個註解只有設計者可以看到，在前端網頁是不會顯示。通常註解可以先在網頁一開始就說明該網頁的檔名、開發日期、更新日期、作者、用途。當然，註解的內容可以依照實際狀況來進行設定與調整。註解的設定方式有：

1. 在「編輯→偏好設定→隱藏元素」中設定。

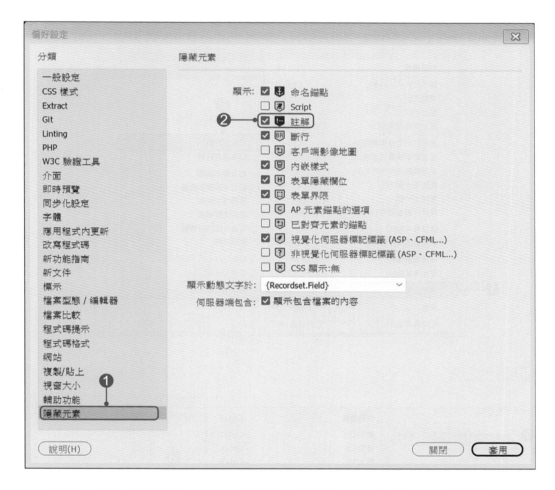

2. 另外一種方式就是在 HTML 語法中，以「<!--」及「-->」來標記。

3. 按滑鼠右鍵出現下面圖示，可依實際狀況設定「切換行註解」或「切換區塊註解」。

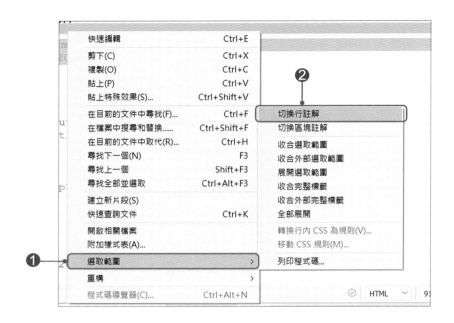

切換行註解

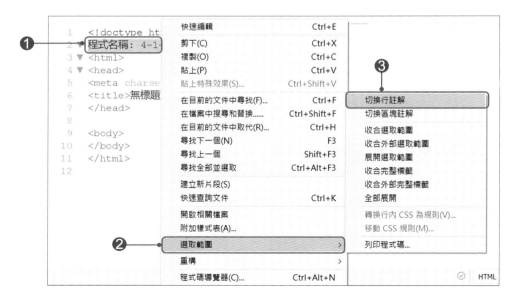

```
1    <!doctype html>
2    <!--程式名稱: 4-1-1-->
3 ▼  <html>
4 ▼  <head>
5    <meta charset="utf-8">
6    <title>無標題文件</title>
```

4 (指向第2行)

切換區塊註解

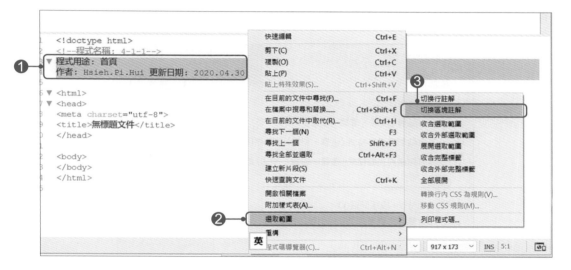

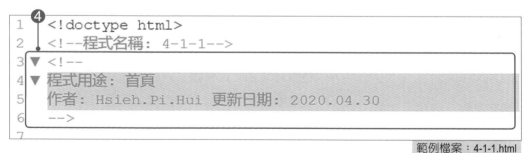

```
1    <!doctype html>
2    <!--程式名稱: 4-1-1-->
3 ▼  <!--
4 ▼  程式用途: 首頁
5    作者: Hsieh.Pi.Hui 更新日期: 2020.04.30
6    -->
7
```

範例檔案: 4-1-1.html

4-1-2　透過文書軟體直接複製貼上方式輸入

　　網頁的文字可以從現有的文書軟體，以複製貼上的方式來輸入。例如，利用記事本或 WORD 編輯完成的文字，可以透過「複製→貼上」的方式複製至網頁中。WORD 自 WORD 2010 以上版本可以透過另存新檔方式，直接轉成 HTML 格式。我們只要在 Dreamweaver 開啓後，再進行修改即可。

　　若是 WORD 文字複製至網頁中，可在【編輯】中選擇【貼上】或【貼上文字效果】。【貼上】只會把原文字貼至網頁中，【貼上特殊效果】設計者可以依據網頁設計需求設定，如下圖。

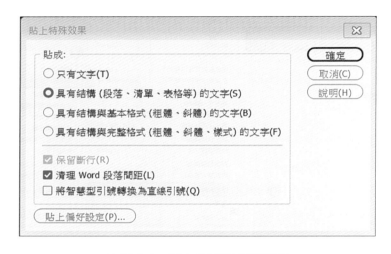

✤ 表 4-1　貼上方式的效果說明

貼上方式	效果
只有文字	將原有文字設定移除，只保留純文字部份。
具有結構（段落、清單、表格等）的文字	若是原有文字具有文字結構，例如：段落、清單、表格等，對於已設定粗體、斜體等文字設定是不會保留。
具有結構與基本格式（粗體、斜體）的文字	保留原有文字的文字結構以及包含簡單的 HTML 格式效果文字。
具有結構與完整格式（粗體、斜體、樣式）的文字	保留原有文字的文字結構以及包含簡單的 HTML 格式效果文字，以及 CSS 樣式的文字。

貼上方式	效果
保留斷行	可讓您保留所貼上文字的斷行。
清理 Word 段落間距	如果已選取「具有結構的文字」或「具有結構與基本格式的文字」，並且想要在貼上文字時清除段落之間的額外間距，請選取這個選項。
將智慧型引號轉換為直線引號	可將智慧型引號轉換為直線引號。

文字效果設定

當我們把文字輸入完畢後，為了讓整個版面看起來比較生動活潑。此時，可使用 Dreamweaver 提供的功能來進行文字效果的設定。Dreamweaver 提供三種方式讓使用者來進行設定。

▸ 第 1 種方式是由功能表中的「編輯」選項中的文字項目。

▸ 第 2 種方式是由「屬性」面板設定文字格式。

▸ 第 3 種方式是由「頁面屬性」面板設定文字格式。

以下就針對上述三種方式進行說明：

1. 由功能表中的「編輯」選項中的文字項目

   在功能表中的「編輯」功能項目中選定文字，提供了縮排、凸排、粗體、斜體、底線、刪除線…等功能。

2. 由「屬性」面板設定文字格式

在 Dreamweaver 中「屬性」面板需要透過「視窗」功能表中，直接勾選它，「屬性」面板才會呈現出來。

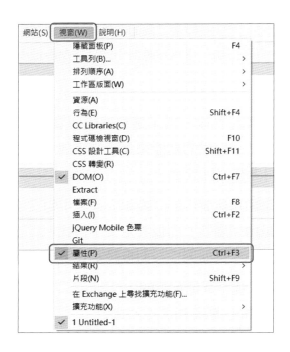

屬性面板中有兩種方式：HTML、CSS 可調整文字的設定。

我們可以利用 HTML 的方式進行文字設定，HTML 提供各種標題的設定以及預先格式化。Dreamweaver 提供了標題 1~ 標題 6 設定字體的大小。「預先格式化」能讓網頁文字與 HTML 中的排列方式完全相同，不會因為瀏覽器的設定自動折行。在文字屬性面板提供，如表 4-2 所示：

❖ 表 4-2 文字屬性面板

B	粗體	數字清單	數字清單
I	斜體		凸排
	項目清單		縮排

下面是標題 1～標題 6 設定字體大小後的結果。

標題1	何謂維他命(維生素)？
標題2	何謂維他命(維生素)？
標題3	何謂維他命(維生素)？
標題4	何謂維他命(維生素)？
標題5	何謂維他命(維生素)？
標題6	何謂維他命(維生素)？

至於，CSS 設定方式，等待後面章節再行說明。

3. 由【頁面屬性】面板設定文字格式

   另外一種設定文字設定的方式，可以藉由【頁面屬性】的方式進行設定。在【頁面屬性】中設定文字格式主要是針對整個網頁而言。

【頁面屬性】提供了「外觀（CSS）」、「外觀（HTML）」、「連結（CSS）」、「標題（CSS）」、「標題/編碼方式」、「影像藍圖」等功能。當我們點選「外觀（HTML）」之後，可依序設定「背景影像」、「背景」、

「文字」、「連結」、「查閱過連結」、「作用中的連結」等顏色設定。
Dreamweaver 提供了 RHBa、HEX、HLSa 供網頁設計者設定。例如：我
們打算把目前的網頁中的文字，設定為藍色，設定畫面如下圖：

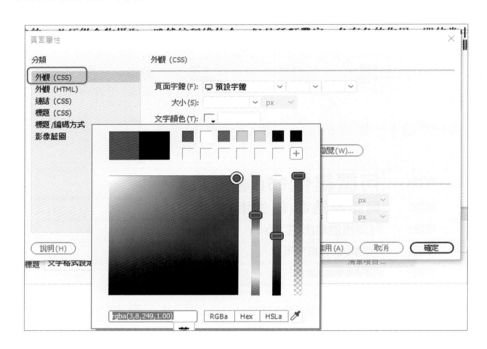

更改完畢的結果，如下圖。

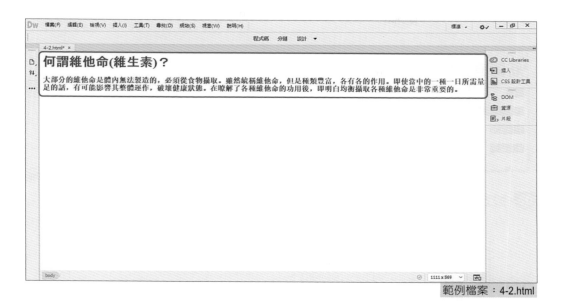

範例檔案：4-2.html

⚙ 4-2　清單樣式設定

　　Dreamweaver 提供了兩種清單樣式的設定：第一種是項目清單、第二種是編號清單。【項目清單】它是以圖形和方形顯示於清單之前，【編號清單】是以數字、大小寫字母或大小寫羅馬字來呈現清單項目。兩者使用時機判斷原則：清單資料若是「無順序性」便可使用項目清單，反之，清單資料若是具「有順序性」便可使用編號清單。

4-2-1　項目清單設定

　　【項目清單】設定方式，可以透過「編輯→清單→項目清單」進行設定或者是【文字屬性】面板中進行設定。操作方式為：

01 選取清單資料。

02 點選【文字屬性】面板的「項目清單」。

範例檔案：4-3.html

03 設定完畢如下圖。

範例檔案：4-3_ok.html

4-2-2 編號清單設定

　　編號清單設定的方式與項目清單設定方式大同小異，一樣可以透過「編輯→清單→數字清單」進行設定或者是【文字屬性】面板中進行設定。操作方式為：

01 選取清單資料。

02 【文字屬性】面板的「數字清單」。

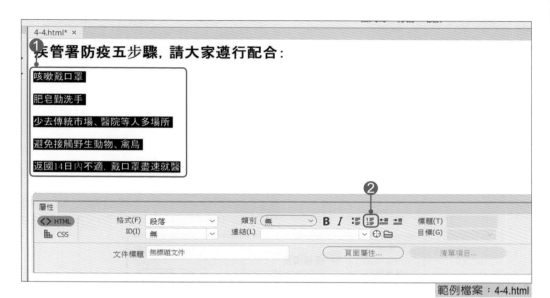

範例檔案：4-4.html

03 設定完畢如下圖。

範例檔案：4-4_ok.html

4-2-3　變更符號及編號

　　若是當初所設定的清單樣式想要進行變更，我們可以透過【文字屬性】面板的「清單項目」進行變更。操作步驟為：

01 將游標移到【清單編號】或【項目編號】前。

02 點選【文字屬性】面板的「清單項目」。

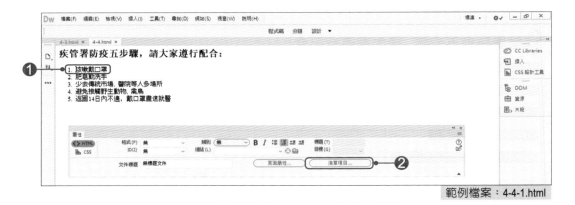

範例檔案：4-4-1.html

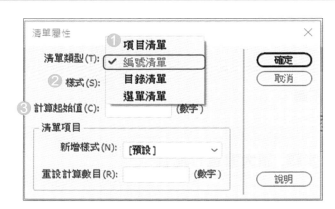

① 【清單項目】提供了「清單類型」的設定，包括：項目清單、編號清單、目錄清單、選單清單。

② 【樣式】提供了「數字」、「小寫羅馬字」、「大寫羅馬字」、「小寫英文字母（a,b,c…）」、「大寫英文字（A,B,C…）」。

③ 【計算起始值】提供使用者自行設定起始編號。

4-3　水平線

【水平線】使用時機主要是用來區隔不同的主題，也可以使用於資料分類。在 Dreamweaver 中「插入→ HTML →水平線」。

【水平線】設定有兩種：「像素」及「百分比 %」。這些設定可以透過屬性來進行。

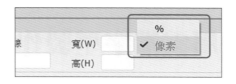

▸ 【像素】：直接設定「寬」、「高」的數值，例如；你想設定：「寬：600 像素」、「高：3 像素」，設定如下圖。透過「像素」設定，它不會因為頁面的縮放而影響到寬度，也可稱為「絕對寬度」。

疾管署防疫五步驟, 請大家遵行配合:

1. 咳嗽戴口罩
2. 肥皂勤洗手
3. 少去傳統市場、醫院等人多場所
4. 避免接觸野生動物、禽鳥
5. 返國14日內不適, 戴口罩盡速就醫

範例檔案：4-4-1_ok.html

▸ 【百分比％】：主要是以目前頁面為主設定寬的百分比，寬的長度會因為頁面的縮放會有所不同。

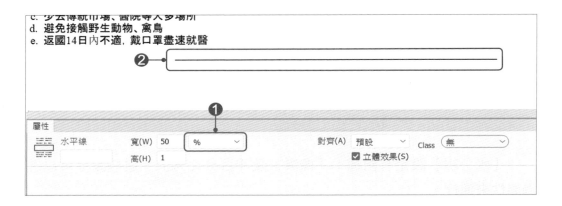

c. 少去傳統市場、醫院等人多場所
d. 避免接觸野生動物、禽鳥
e. 返國14日內不適, 戴口罩盡速就醫

4-4　使用雲端字型製作標題文字

　　什麼是雲端字型（Web Font）？雲端指的是網路上的網路硬碟，所謂的「雲端字型」就是指專門開發字型的業者把字型檔放在網路硬碟中，提供使用者連結或下載使用，收費方式依各家規定有所差異。目前，Adobe、Google 等公司都有提供免費的雲端字型可以使用。

Adobe font

Google Fonts

如何將雲端字形套用自網頁裡？操作步驟如下：

01 開啟 4-5.html 網頁，先選取欲編輯的文字。

02 選取【文字屬性】面板，選擇 CSS 樣式設計。

範例檔案：4-5.html

03 設定字體，將滑鼠移到「管理字體」，選擇你要使用的字體。有「Adobe edge Webs Fonts」、「Adobe edge Webs Fonts」、「本機網頁字體」、「自訂字體堆疊」頁面提供選擇。目前的範例是採用「Adobe edge Webs Fonts」（如下圖）

使用者只要選擇想要的字型類別，右邊呈現所點選的類別的字型，然後再勾選需要的字型，再按「完成」按鈕即可。

04 套用字型。再重新點選套用的文字，在字體中便會呈現剛剛所新增的字型。

在設計編輯狀態下，無法立即看到設定的結果，因此，透過「即時」檢視的方式，便可看得出修改過的樣子。

範例檔案：4-5_ok.html

本章習題

一、是非題

(　) 1. 當我們在網頁輸入一連串的文字時，Dreamweaver 會自動換行，當你輸入的文字未超過一行時，我們可以直接按下【Enter】切換至下一行。

(　) 2. 如果說我們希望在網頁做多個連續空白的設定，避免輸入多個空白之後，在網頁中視為個空白的現象。我們可以從「Dreamweaver」中利用「偏好設定→一般設計」 進行設定。

(　) 3. 當我們的網頁越來越多時，為了方便維護，可在每個網頁表頭及程式裡，利用註解的方式來處理。

(　) 4. 隱藏元素主要用來「輔助頁面編輯」的元素，它可以顯示頁面的一些相關資訊提供設計者參考，更重要的是那些資訊在瀏覽器中是不會呈現在網頁中。

(　) 5. 如果，我們的網頁文字是來自 WORD，當以複製貼上的方式貼至網頁可以只選擇「只有文字」。

(　) 6. 「保留斷行」意思是指在貼上文字時，可以保留文字的斷行。

(　) 7. 當清單資料是「無順序性」便可使用編號清單。

(　) 8. 若是清單的呈現方式是打算出現 a,b,c…，此時，可以使用「清單屬性」的樣式來修改。

(　) 9. 在水平線設定中，可以選擇「像素」或「百分比」。其中，「百分比」的設定不會因為頁面的縮放影響到「寬度」又可稱為「絕對寬度」。

(　) 10. 所謂的「雲端字型」就是指專門開發字型的業者把字型檔放在網路硬碟中，提供使用者連結或下載使用，收費方式依各家規定有所差異。

二、實作題

1. 開啟檔案 4-7.html，利用項目清單、水平線、日期等元素，完成以下畫面。

4-7.html 網頁內容	4-7_ok.html 完成後的網頁

5

≫ 圖片加入與應用

課堂導讀

　　在製作網頁設計時，圖片是經常會使用到的元素之一，不管是用來做背景圖或插圖，圖片是不可或缺的因素。那麼如何插入圖片、網頁插圖的處理、文繞圖效果設定；針對現有圖片尺寸處理、圖片裁切、如何更換圖片以及影像地圖的製作等。本章將說明與圖片有關的操作。

學習重點提要

* 網頁背景的處理：介紹常用的網頁影像格式、學習如何加入網頁背景，以及網頁背景的使用技巧。
* 網頁插圖的處理：學習如何在網頁中插入圖片。
* 學習如何設定文繞圖效果設定方式。
* 學習如何設定調整圖片大小、更換圖片以及圖片裁切的操作步驟。
* 滑鼠變換影像。
* 製作影像地圖。

5-1　網頁背景的處理

　　我們設計網頁時，為了要讓網頁看起來比較活潑不會那麼單調，通常會在網頁中加入一張圖片。因此，我們必須要先了解在 Dreamweaver 中比較常用的圖片格式。

5-1-1　常用的圖片格式

　　網頁設計中圖片使用是很頻繁的，因此我們必須要了解圖片格式有哪些？就目前常見的格式有 GIF、JEPG、PNG。針對這三種常見的圖檔說明如下：

1. GIF 圖檔

    GIF（Graphics Interchange Format）圖檔在網際網路上最常使用的格式，副檔名為 .gif。GIF 是一種 256 色壓縮的點陣式圖檔格式，支援透明色彩，也可以用來製作動畫圖片。

2. JPEG 圖檔

    JPEG（Joint Photographic Experts Group）是可以表現全彩，因此所呈現的色彩較為豐富。JEPG 圖片檔案的壓縮品質，可以由壓縮程度上的調整。換言之，圖檔的壓縮程序越高，圖檔大小就會越小；　相對地，圖檔會失去原有的樣貌，這也是所謂的「失真」。

3. PNG 圖檔

    PNG（Portable Network Graphics）可以支援全彩影像，也可以支援背景透明的影像，與 GIF 一樣採用無失真的壓縮方式，但是無法製作動畫圖片。

解析度（Resolution）是用來衡量圖片品質的因素之一。它指的是每英吋所包含的像素數量，單位為 ppi（pixels per inch）。圖片的像素越大，表示解析度越高。相對地，它所佔的記憶體容量也越大。一般而言，我們所設計出來的網頁只是透過電腦螢幕或手機來查看，因此，在網頁設計中所採用的解析度無須太高，例如：背景圖以 1024*768 像素為主。

5-1-2　如何加入網頁背景

當我們新增一個新的網頁後，可以加入網頁背景增加網頁的豐富度。因此，我們可以找一張適合網頁風格的相片，開啟「屬性」面板，再點選「頁面屬性」來進行編輯。

進入到「頁面屬性」面板中，在左側我們可以看到有六項分類，其中與外觀有關：外觀（CSS）、外觀（HTML）；與超連結有關：連結（CSS）；與標題有關：標題（CSS）、標題/編碼方式，最後是一個影像藍圖。因此，我們可以透過「外觀（CSS）」或「外觀（HTML）」來設定網頁背景。

從「外觀（CSS）」設定網頁背景，操作步驟如下：

01 開啟 5-1.html，再將滑鼠移至「外觀（CSS）」。

02 點選「背景影像」 按下「瀏覽」開啟檔案管理員，選擇背景圖，按下「確定」便完成設定。

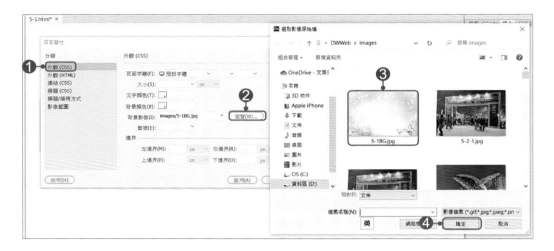

03 完成後的網頁的背景。

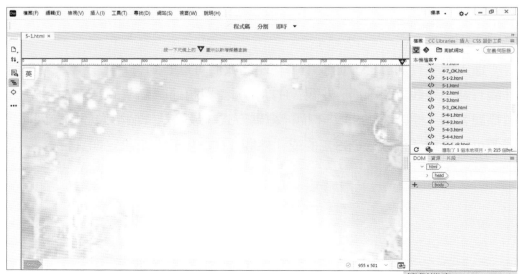

範例檔案：5-1_ok.html

從「外觀（HTML）」設定網頁背景，操作步驟如下：

01 開啟 5-2.html，再將滑鼠移至「外觀（HTML）」。

02 點選「背景影像」 按下「瀏覽」開啟檔案管理員，選擇背景圖，按下「確定」便完成設定。

03 完成後的網頁的背景。

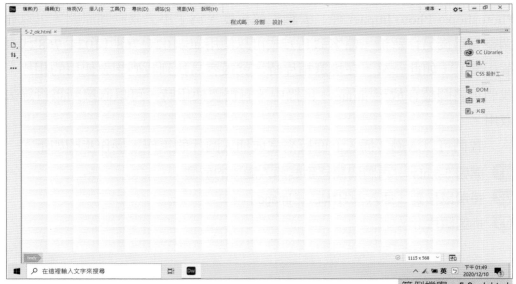

範例檔案：5-2_ok.html

當我們透過「外觀 (CSS)」來設定「背景影像」，同時在「外觀 (HTML)」中設定「背景影像」時，Dreamweaver 會以「外觀 (CSS)」所設定的「背景影像」為優先。

5-2　網頁插圖的處理

在這裡所定義的「網頁插圖」是指插入的「裝飾圖案」或是「解說的插圖」，在插入圖片之前可以先針對該張圖片進行編輯及處理。主要的原因是現今的智慧型手機或數位相機所拍攝相片的像素都很大。網頁主要是透過螢幕顯示，所以不需要那麼高的像素，只有在列印或輸出成相片時，才需要那麼高的解析度。

因此，我們建議在使用前可以先使用影像編輯軟體（例如：小畫家、Photoshop、Photo Impact 等）去調整解析度。為了不去異動到原圖，可以在調整完畢後另存新檔，檔案命名方式可以使用 abc1024_768（1024_768 代表解析度），如此一來，在挑選相片時，就很容易找到我們想要使用的相片。我們可將圖檔存放至 \images 目錄中，有需要使用時，可以直接到該目錄去取用。

我們可以透過「插入」面板來完成插入圖片的工作。操作步驟如下：

01 開啓 5-3.html，再將滑鼠移到要插入圖片的位置。

02 將滑鼠移到「插入→ HTML → Image」。

03 挑選圖片。

設定後的結果

範例檔案：5-3_ok.html

當圖片因為某些因素無法顯示時，或是圖片尺寸較大，需要耗費較多的下載時間，如果有設定「替代文字說明」，那麼當滑鼠移到圖片位置，它會以標籤顯示這張圖片所代表的意義，設定如下：

01 開啓 5-4.html，選擇圖片。

02 再將滑鼠移動到「屬 性面板」替代處，設定替代文字。

範例檔案：5-4_ok.html

5-3 文繞圖效果設定方式

當我們的圖片並未使用表格的方式把圖文區隔開，直接在文字當中插入圖片，只有在第一行文字對齊圖片下方，這樣看起來並不美觀。我們可以利用「文繞圖」的方式來處理，操作方式是先點圖片之後再按滑鼠右鍵，出現畫面如下：

範例檔案：5-5.html

Dreamweaver 提供了「瀏覽器預設」、「底線」、「上方」、「中間」、「對齊下緣」、「文字上方」、「絕對中間」、「絕對下方」、「靠左對齊」、「靠右對齊」功能。最常見的使用方式就是「靠左對齊」或「靠右對齊」，如表 5-1 所示。

❖ 表 5-1 「靠左對齊」與「靠右對齊」的範例

功能	範例	說明
靠左對齊	範例檔案：5-5_L_ok.html	「靠左對齊」是指圖片以後的文字置於圖片右邊。
靠右對齊	範例檔案：5-5_R_ok.html	「靠右對齊」是指圖片以後的文字置於圖片左邊。

其他對齊類型說明如表 5-2 所示：

❖ 表 5-2 對齊類型說明

類型名稱	對齊方式
瀏覽器預設	「瀏覽器預設」是指維持原來設定的方式。
底線	「底線」是將圖片「底端」與相鄰的文字「底端」對齊。
上方	「上方」是將圖片「前端」與相鄰的文字「頂端」對齊。
中間	「中間」是將圖片「中央」與相鄰的文字「中央」對齊。
對齊下緣	「對齊下緣」是將圖片「底端」與相鄰的文字「底端」對齊。
文字上方	「文字上方」是將圖片「前端」與相鄰的文字「頂端」對齊。
絕對中間	「絕對中間」是將圖片「中央」與相鄰的文字「中央」對齊。
絕對下方	「絕對下方」是將圖片「底端」與相鄰的文字「底端」對齊。

在本範例中，我們使用「靠左對齊」的方式來處理。操作步驟如下：

01 滑鼠點選該「圖片」。

點選此相片，按滑鼠右鍵

2020年1月29日（農曆初五）至2020年2月9日（農曆十六），在愛河高雄橋至七賢橋兩岸周邊場域熱鬧舉辦，用「雙春閏月、贏金抱喜、迎向國際、愛與幸福」打造每一場主題活動；各式燈區將呈現出高雄西岸的海港風情、東側的山林雅致、迎新曙（鼠）光、人文薈萃，呈現出全面向，專屬於高雄的城市軌跡；期間還有精彩的主題之夜：「開幕秀之夜」、「高空秀之夜」、「踩舞秀之夜」、「馬戲秀之夜」、「亂打秀之夜」、「歌仔戲之夜」、「歌舞秀之夜」和「夜光秀之夜」，精心邀請了適合好友、情侶、全家大小一起觀賞的國內、外知名演出，邀請全國民眾新年走春來高雄，創造回味一整年的精采回憶。

範例檔案：5-5.html

02 再按「右鍵」出現「快顯功能表」，選擇「對齊」之後，會再出現子功能表，再選擇「靠左對齊」。

03 我們可以看到剛剛設定後的結果，文字與圖片就會呈現「向左對齊」的模式。

範例檔案：5-5_L_ok.html

5-4　圖片編輯

　　在 5-2 節提及插入圖片前的前置作業，有介紹到如何調整影像的大小，除此之外，我們也可以利用繪圖軟體來裁切成想要保留的部份，Dreamweaver 在屬性面板中提供「裁切按鈕」來進行裁切。只是這個動作會永久變更我們的影像，進行裁切後原始的檔案就會不見，變成裁切後的畫面，此部份是網頁設計者需要注意。

　　Dreamweaver 提供圖片編輯有 Photoshop、剪裁、亮度調整、銳利度等功能。這些功能在圖片屬性中可以進行設定，不需要再透過繪圖軟體才可以進行圖片的編輯。

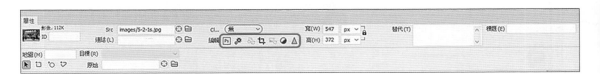

❖ 表 5-3　Dreamweaver 的圖示說明

圖示	說明	圖示	說明
Ps	呼叫 Photoshop	⊘	亮度和對比
⚙	編輯影像設定	△	銳利度
🔲	圖片剪裁		

5-4-1　調整圖片大小

　　在插入圖片之後，發現圖片大小與預期的大小不同，這個時候可以透過調整圖片像素或百分比的方式來處理。在 Dreamweaver 中可以透過「屬性」面板來調整圖片大小。例如：原圖片的大小為寬 547px、高 372 px，在圖片屬性面板的調整是以相對比例的方式來進行調整。一旦調整寬為 500 px，則高度便會自動調整為 339 px。

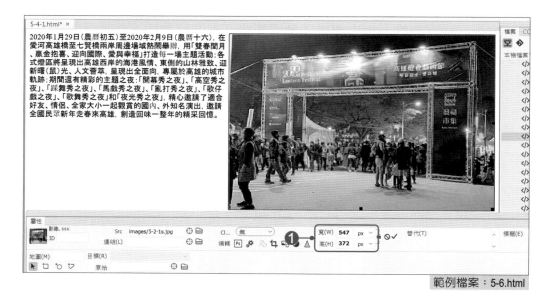

範例檔案：5-6.html

修改為寬 500 px，則高度便會自動調整為 339 px。

範例檔案：5-6_ok.html

若是圖片調整後，發現設定有問題，可以利用「重新設定」大小方式回復大小即可。

點選此按鈕便可重新設定圖片的設定。

5-4-2　更換圖片

　　當我們在網頁中已經設定好的圖片需要做更換動作,可以透過「屬性」面板來進行圖片更換圖片來源。操作步驟:

01 開啓 5-7.html,再將滑鼠移至要更換圖片的地方。

範例檔案:5-7.html

02 再開啓「屬性」面板,把滑鼠移至「Src」處,點選 📁 開啓檔案管理員,選擇更換的圖片檔。

03 更換圖片完成，如下圖。

20年2月9日（農曆十六），在愛河高雄橋至七賢橋兩岸周邊場域熱鬧舉辦，
國際、愛與幸福」打造每一場主題活動；各式燈區將呈現出高雄西岸的海港
（鼠）光、人文薈萃，呈現出全面向，專屬於高雄的城市軌跡；期間還有精彩
5空秀之夜」、「踩舞秀之夜」、「馬戲秀之夜」、「亂打秀之夜」、「歌仔戲之夜」
，精心邀請了適合好友、情侶、全家大小一起觀賞的國內、外知名演出，邀
造回味一整年的精采回憶。

範例檔案：5-7_ok.html

5-4-3　圖片裁切

在 Dreamweaver 軟體中，同時也提供圖片裁切的功能。操作步驟如下：

01 開啟 5-8.html，再將滑鼠移到「屬性」面板，點選準備裁切的相片。

❶ 點選這張圖片，將右邊多餘的部份裁切掉。

範例檔案：5-8.html

02 將滑鼠移到，選取「裁切」範圍。

❷ 選取裁切範圍

範例檔案：5-8.html

03 「裁切」後的相片如下：

範例檔案：5-8_ok.html

⚙ 5-5 滑鼠變換影像

　　Dreamweaver 提供了一個功能，當圖片原本是靜態，可以利用「滑鼠變換影像」的方式，讓網頁呈現動態效果。其操作步驟為「插入→ HTML →滑鼠變換影像」。先前的準備動作需要有兩張大小一樣的圖片。圖片 5-2-1s.jpg 為原始檔，滑鼠變換影像過後的圖片為 5-2-2s.jpg，5-2-1s.jpg 與 5-2-2s.jpg 大小需一致。當我們將滑鼠移動到第二張影像時，可以前往所指定的網址。下圖為滑鼠變換影像的相關設定 (開啟範例檔 5-9.html)。

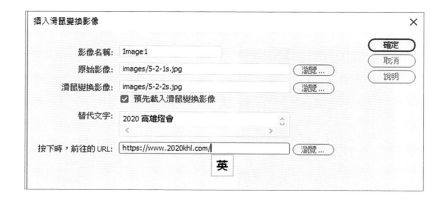

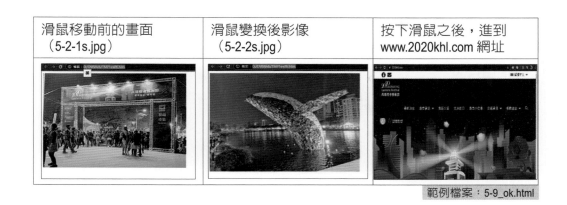

滑鼠移動前的畫面 （5-2-1s.jpg）	滑鼠變換後影像 （5-2-2s.jpg）	按下滑鼠之後，進到 www.2020khl.com 網址

範例檔案：5-9_ok.html

⚙ 5-6　製作影像地圖

　　Dreamweaver 軟體提供了影像地圖的製作。影像地圖是指在同一張影像中可以建立許多超連結的區域，分別連到不同的網址。這樣的技巧在網頁設計中經常被拿來使用。影像地圖透過「地圖」來進行設定，下面有一排「連結區域工具」　⬚ ，透過它可以製作出影像地圖。

　　「連結區域工具」提供 4 個選項，以下是它的說明：

❖ 表 5-4　連結區域工具的說明

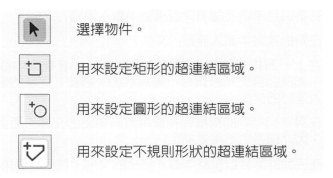

▲	選擇物件。
⬚	用來設定矩形的超連結區域。
○	用來設定圓形的超連結區域。
♡	用來設定不規則形狀的超連結區域。

操作步驟如下：

01 新增一個空白網頁，移至「插入→ HTML → Image」插入一張具有各項連結的圖片。

範例檔案：5-10.html

02 將滑鼠移至「頁面屬性」，點選 ↻ 在預備超連結的圖片框起來。

03 選擇「點選矩型連結區工具」。

04 選擇「旗津圖片」。

05 設定「連結」，可以設定超連結網址或網頁。

06 設定「目標」，指連結後網頁開啓的位置。

小叮嚀

「目標」指定要在其中載入連結頁面的頁框或視窗 (如果影像沒有連結到另外的檔案，則此選項就不會出現)。Dreamweaver 提供 _blank、new、parent、_self、_top 選擇。

_blank	會在新的且未命名的瀏覽器視窗中載入連結的文件。
new	會在新的視窗中載入連結的文件。
parent	會在上一層頁框或包含連結的頁框之上一層視窗中載入連結的文件。如果包含連結的頁框不是巢狀的，則會在完整的瀏覽器視窗中載入連結的文件。
_self	會在與連結相同的頁框或視窗中載入連結的文件。這個目標是預設值，因此您通常不需要指定它。
_top	會在完整的瀏覽器視窗中載入連結的文件，然後移除所有頁框。

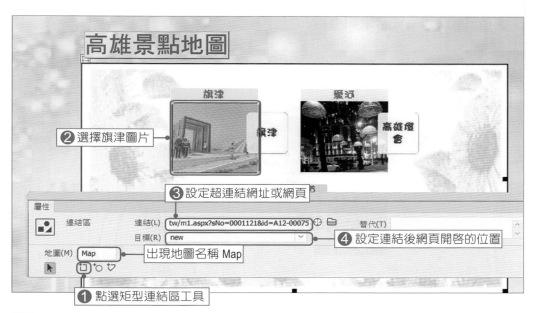

07 再重複 2 ～ 6 步驟，完成後如下圖。

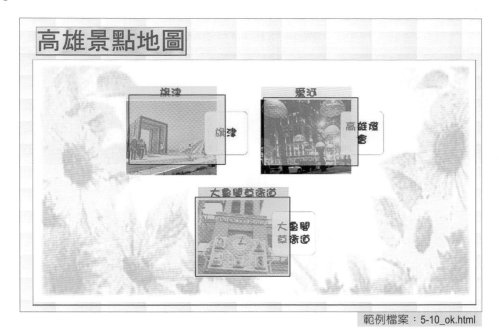

範例檔案：5-10_ok.html

按【F12】瀏覽結果如下：

本章習題

一、選擇題

( ) 1. 下列哪一種圖文的對齊方式,可產生圖片在左邊,文字在右邊?
(A) 文字上方　(B) 靠右對齊　(C) 靠左對齊　(D) 靠上對齊。

( ) 2. 下列何者不是網頁上常用的圖檔?
(A)TIFF　(B)GIF　(C)JPEG　(D)PNG。

( ) 3. 要在同一張影像上建立多個連結區域,使它可連結到不同的 URL 位址,一般而言,我們稱它為　(A) 影像地圖　(B) 影像繪圖　(C) 多點連結　(D) 影像連結圖。

( ) 4. 如果想要設定背景影像,必須從何處做設定?　(A) 修改 / 頁面屬性　(B) 插入 / 影像　(C) 插入 / 背影像　(D) 按於背景色塊。

( ) 5. 在文繞圖對齊方式中,若是想要維持原來設定方式,我們可以選擇何種對齊方式?　(A) 文字上方　(B) 靠右對齊　(C) 靠左對齊　(D) 瀏覽器預設。

( ) 6. 製作影像地圖時,我們可以利用「連結區域工具」來進行超連結作業,下列那一個不是圖片頁面屬性所提供的　(A) 　(B) 　(C) 　(D) 。

( ) 7. 下列何者不是 Dreamweaver 圖片屬性面板所提供的圖片編輯功能?
(A)Photoshop　(B) 剪裁　(C) 銳利度　(D) 清晰度。

二、實作題

1. 請利用下面提供的來源網頁，透過「影像地圖」的功能，分別連結到指定的網址。連結網址：

左上圖片(大東文化藝術中心)	https://dadongcenter.khcc.gov.tw/home01.aspx?ID=1
左下圖片(高雄文化中心)	https://www.taiwan.net.tw/m1.aspx?sNo=0001121&id=9285
右上圖片(高雄市市立圖書館)	https://www.ksml.edu.tw/
右下圖片(駁二藝術特區)	https://pier2.org/?ID=1

來源檔案：map.jpg

2. 請利用「滑鼠影像變換」的功能，完成下面網站連結。

來源檔案：pchome01.jpg、pchome02.jpg

連結網址：https://24h.pchome.com.tw/

完成的網頁：5-11.html

預設效果：

滑鼠移入後的效果：

6

>>超連結相關應用

課堂導讀

　　本章主要是針對網頁的超連結相關設定進行說明。網站是由許多網頁集合而成。因此，在開發首頁之後，有可能需要從首頁再連結到其他網頁、網站甚至是連接到電子信箱。本章也會介紹 Facebook、Line、Twitter、YouTube 按鈕的超連結。

學習重點提要

- 學習如何使用「文字超連結」。
- 學習圖片超連結方法。
- 學習檔案下載超連結方法。
- 學習長篇文件的連結。
- 學習如何連結電子郵件。
- 學習如何連結 Facebook、Line、Twitter 推文按鈕。

本章主要是針對網頁的超連結相關設定進行說明。網站是由許多網頁集合而成。因此,在開發首頁之後,有可能需要從首頁再連結到其他網頁、網站甚至是連接到電子信箱。在進行網頁設計時,最常見超連結方式有:

1. 網站的網頁連結:文字超連結、圖片超連結以及檔案下載連結。
2. 長文件的連結設定:主要針對長篇文件,學習如何用定錨位置的設定。
3. 連結電子郵件:學習如何與電子郵件做一連結的動作。

⚙ 6-1　網站的連結

網站是由許多網頁集合而成。通常,我們會在網站的首頁命名為 index.html。從首頁再連接到其他網頁、網址或者檔案。因此,我們希望連結到其他網頁,在 Dreamweaver 中提供幾種方式處理超連結的方式,做法有兩種:第一種方式是利用文字方式進行超連結,另一種方式是利用圖片方式進行超連結。連結方式透過內部網頁或超連結到外部網頁。以下是連接方式說明:

6-1-1　使用「文字超連結」

先選取準備進行超連結的文字。點開「文字屬性」中,在「連結」設定超連結的網址。「標題」設定該連結網頁的標題。「目標」是指超連結網頁開啓的方式。Dreamweaver 提供幾種模式,表 6-1 是開啓方式的說明。

❖ 表 6-1　文字超連結開啓方式的說明

_blank	會在新的且未命名的瀏覽器視窗中載入連結的文件。
_new	會在新的視窗中載入連結的文件。
_parent	會在上一層頁框或包含連結的頁框之上一層視窗中載入連結的文件。如果包含連結的頁框不是巢狀的,則會在完整的瀏覽器視窗中載入連結的文件。
_self	會在與連結相同的頁框或視窗中載入連結的文件。這個目標是預設值,因此您通常不需要指定它。
_top	會在完整的瀏覽器視窗中載入連結的文件,然後移除所有頁框。

　　以文字做超連結是最簡單快速的方式。只要選取打算超連結的文字之後，在頁面屬性設定連結網址。例如：下面的範例，我們要分別以「開新視窗」的方式，超連結「TVBS 新聞台」、「中天新聞台」、「東森新聞台」的網址。操作步驟如下：

01 開啓 6-1.html，選取超連結的文字。

02 設定超連結的網址。

03 將「目標」設定「new」。

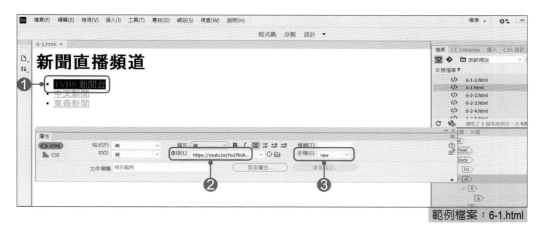

範例檔案：6-1.html

04 依序設定「 中天新聞 」、「 東森新聞 」 的超連結，設定完成後，如下圖：

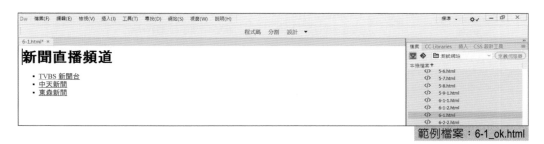

範例檔案：6-1_ok.html

　　當我們把超連結完成後，會發現設定超連結的文字，所呈現的顏色為藍色。如果，我們打算更改連結文字的色彩與樣式，可以利用「頁面屬性」中修改 HTML 中的外觀及連結 (CSS) 來進行修改。若我們同時設定 HTML 中外觀及連結 (CSS) 來更改，在 Dreamweaver 只會以 CSS 樣式變化來顯現。

【HTML 外觀設定】

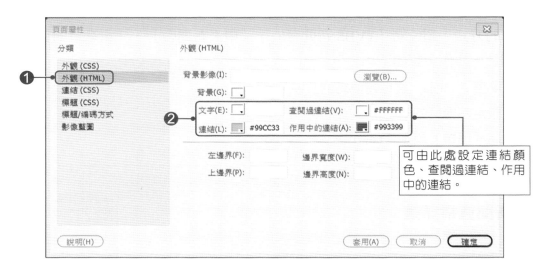

【連結 CSS 設定】

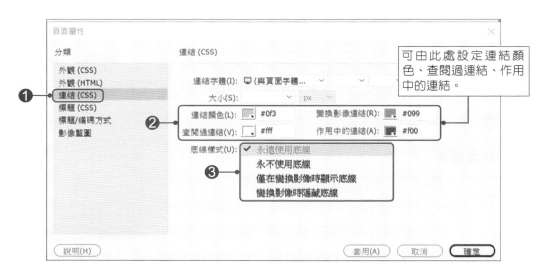

　　另外，也可以透過「底線樣式」的設定，讓連結的文字不顯示下底線，或者是滑鼠移入或移出時，顯示不同的效果。

　　網頁中超連結文字的樣式設定共有「連結文字」、「查閱過連結」、「變換影像連結」、「作用中的連結」四種。在 HTML 標籤中，可以使用以下的方式來表示，如表 6-2 所示。

❖ 表 6-2　　超連結文字的樣式設定

連結文字	a:link	滑鼠未經過的狀態，就是一般情況下所顯示的效果。
查閱過連結	a:visited	滑鼠已經檢閱過後的效果。
變換影像連結	a:hover	滑鼠移到超連結文字上所顯示的效果。
作用中的連結	a:active	滑鼠按下超連結文字所顯示的效果。

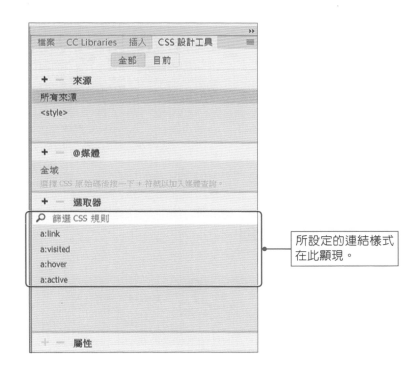

所設定的連結樣式在此顯現。

A. 內部網頁連結

主要是針對網站本身所開發的網頁，進行超連結的動作。例如：我們打算在「菲律賓百貨公司一角」中連結 6-2-2.html 網頁，操作步驟如下：

01 先選取「菲律賓百貨公司一角」。

02 在「連結」處開啟「檔案管理員」，選擇「6-2-2.html」。

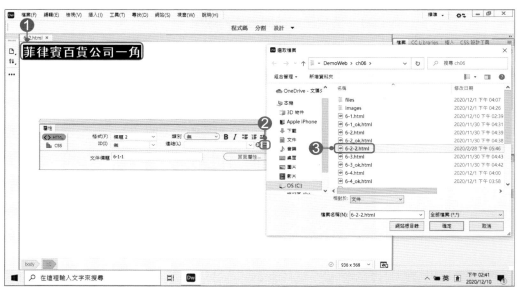

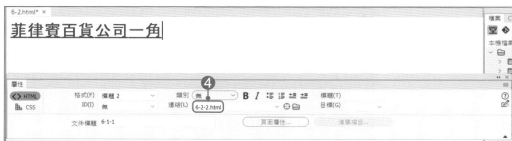

❺ 設定超連結後，文字變成藍字及底線

範例檔案：6-2_ok.html

03 按下【F12】鍵預覽結果。

B. 連結到外部網頁

例如：網頁中所列常去的購物網站清單，預計讓滑鼠指到「Momo 購物網站」可以直接超連結到它的網站，但我們希望它可以直接開啟新的網頁，它的設定值如下：

連結	https://www.momoshop.com.tw/main/Main.jsp
標題	Momo 購物網
目標	_blank

在 Dreamweaver 的文字屬性設定如下：

按下【F12】鍵預覽結果如下：

範例檔案：6-3_ok.html

6-1-2　圖片超連結方法

圖片超連結的做法與文字超連結的方式差不多，唯一不一樣的是圖片超連結可以建立網路地圖。操作方式如下：

先選取圖片。透過圖片屬性方式分別設定「連結」、「目標」、「標題」。例如：圖 6-1-3 的第一張圖要超連結至麥當勞的網站，希望是另外開啟網頁。因此，這裡的設定方式為：

01 先選取第一張圖片。

選取第 1 張相片

範例檔案：6-4.html

02 開啟圖片屬性面板，在「連結」、「目標」、「標題」各設定如下：

連結	https://www.mcdonalds.com.tw/tw/ch/index.html#
標題	麥當勞
目標	_blank

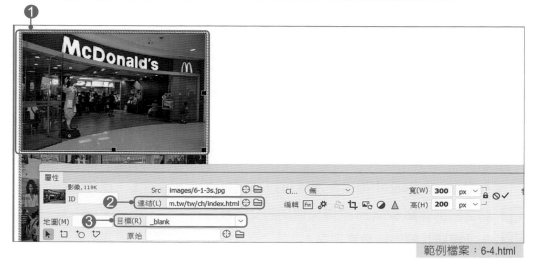

範例檔案：6-4.html

03 按下【F12】鍵預覽結果如下：

用滑鼠點選之後
會開啟新的網頁

04 開啟新的網頁：連接到麥當勞頁面「https://www.mcdonalds.com.tw/tw/ch/index.html」。

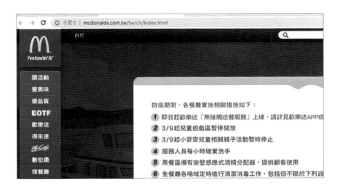

⚙ 6-2 檔案下載超連結方法

在 Dreamweaver 中提供使用者可以在網頁直接下載檔案。操作步驟如下：

01 開啟範例檔案 6-5.html 選擇超連結的文字或圖片。

02 在【連結】開啟檔案管理員。

03 選擇「檔案」。

範例檔案：6-5.html

04 按下【F12】鍵預覽結果如下：

當滑鼠移至此處時，系統自動下載預設好的檔案。

範例檔案：6-5_ok.html

6-3 長篇文件的連結

當我們在設計網頁時會因為想要呈現的文字說明過長，利用網頁視窗捲動似乎有些不便，因此，Dreamweaver 提供類似「錨」的功能，設定的重點可以將你打算說明的重點視為「錨」的標記處。操作方式如下：

01 設定錨點位置。

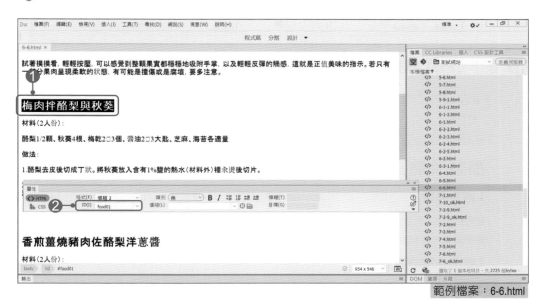

範例檔案：6-6.html

02 在「文件」視窗中，選取並標示您想要設定為【錨點】的項目。在「屬性」
檢視窗的「連結」方塊中，鍵入數字符號 (#) 和錨點名稱。例如，要連結
至目前文件中名為「f00d01」的錨點，請鍵入「#food01」。若要連結到相
同資料夾內不同文件中名為「top」的錨點，請鍵入「filename.html#top」。

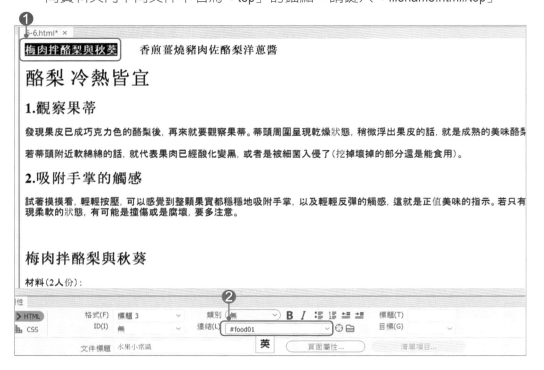

03 按下【F12】鍵預覽結果如下：

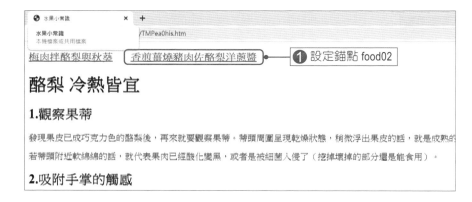

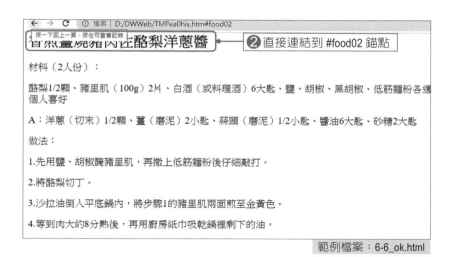

材料（2人份）：

酪梨1/2顆、豬里肌（100g）2片、白酒（或料理酒）6大匙、鹽、胡椒、黑胡椒、低筋麵粉各適個人喜好

A：洋蔥（切末）1/2顆、薑（磨泥）2小匙、蒜頭（磨泥）1/2小匙、醬油6大匙、砂糖2大匙

做法：

1.先用鹽、胡椒醃豬里肌，再撒上低筋麵粉後仔細敲打。

2.將酪梨切丁。

3.沙拉油倒入平底鍋內，將步驟1的豬里肌兩面煎至金黃色。

4.等到肉大約8分熟後，再用廚房紙巾吸乾鍋裡剩下的油。

範例檔案：6-6_ok.html

6-4　連結電子郵件

網頁完成之後，為了方便網頁的瀏覽者與網站人員連繫，通常會在網頁的頁尾設置電子郵件信箱做為連絡之用。操作方式如下：

01 點選超連結的電子郵件。

02 將滑鼠移至「插入→ HTML →電子郵件連結」進行設定。

03 輸入你要超連結的電子郵件信箱。

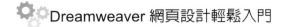

04 按下【F12】鍵預覽結果如下：

> 網頁維護人員：謝碧惠
>
> 連絡電子信箱：amber0211@gmail.com

範例檔案：6-7_ok.html

05 點選電子郵件之後，便會連結到電子郵件信箱，本範例是採用 windows 10 郵件信箱為範例。

6-5　連結Facebook、Line、Twitter推文按鈕

　　現今的產品行銷除了連接到官網，同時也可以連結社交軟體工具，例如：Facebook、Line、Twitter、YouTube 來增加曝光度。

圖片來源：https://www.kcg.gov.tw/Default.aspx

　　那麼如何在我們的網頁加入 Facebook、Line、Twitter、YouTube 按鈕連接至這些社交軟體中呢？我們可以透過超連結的方式連至各個社交軟體工具的網址。本書以高雄市政府的網頁來說明製作方式。(https://www.kcg.gov.tw/Default.aspx)。下面為操作說明：

01 請 移 動 滑 鼠 至「 插 入 → HTML → Image」。

02 請依序把 facebook_icon.png、line_icon.png、twitter_icon.png、youtube_icon.png 放置在網頁中。

03 在各個圖示下設定連結的網址。本範例是以高雄市政府的 Facebook、line、twitter、YouTube 的連結網址為範例，其連結位址參考光碟目錄 Ch6\link.txt 檔。

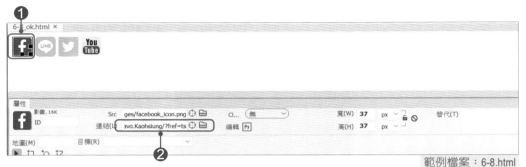

範例檔案：6-8.html

04 按下【F12】鍵預覽結果如下：

範例檔案：6-8_ok.html

本章習題

一、選擇題

( ) 1. 有關超連結的說明，何者不正確？ (A) 可使用文字做超連結 (B) 可以直接連結至電子郵件 (C) 可以使用圖片做超連結 (D) 以上皆是。

( ) 2. 下列何者連結的方式，不是 Dreamweaver 所提的目標視窗的設定？ (A)_blank (B)_parent (C)_self (D)_All。

( ) 3. 當你想要連接到網頁中的錨點名稱，錨點的名稱之前必須加那個符號？ (A)@ (B)# (C)% (D)$。

( ) 4. 若要在目標「新的視窗中載入連結的文件」是哪一個選項？ (A)_blank (B)_parent (C)_self (D)new。

( ) 5. 若是文件的電子檔過長時，我們可以使用 (A) 錨 (B)_parent (C)_self (D)new。

二、實作題

請利用超連結的方式，將指定的文字連結到所指的網站，同時設定連結的頻色為紅色，查閱過連結顏色為綠色，作用中的連結設為藍色。

東森購物台	https://www.etmall.com.tw/
Pchome	https://www.pchome.com.tw/
蝦皮購物	https://shopee.tw/

Note

Chapter

7

≫多媒體物件應用

 課堂導讀

先前我們介紹如何建立一個新的網頁後，陸續的介紹文字美化、圖片、超連結之後，想必大家對於網頁設計已有基本概念。本章將介紹與多媒體相關物件的使用，例如：HTML5 Video、HTML5 Audio、音樂、音效檔在網頁上的應用及相關設定。

 學習重點提要

- 學習如何設定 HTML5 Video 的使用。
- 學習如何設定 HTML5 Audio 的使用。
- 學習如何設定背景音樂。
- 學習如何設定音效檔。

7-1 網頁網頁中插入視訊

Dreamweaver 中除了可以插入 Flash 檔之外，它也提供 HTML5 視訊及 HTML5 音訊的插入。依續在本節及下一節進行說明。

Dreamweaver 支援 ogg、mp4、m4v、webm、ogv、3gp 等格式。在 Dreamweaver CC 中，可以從「插入 → HTML → HTML5 Video」中，把 video 插入至指定的網頁中。操作步驟如下：

01 先將滑鼠移到插入處。

02 點選「插入 → HTML → HTML5 video」功能，HTML5 視訊元素隨即插入指定的位置。

03 在「屬性」面板中，設定各種選項的值。以下是各項屬性說明：

❖ 表 7-1　各項屬性說明

來源	設定輸入視訊檔案的位置，或者，按一下資料夾圖示，從本機檔案系統選取視訊檔案。視訊格式的支援會依不同瀏覽器而異。
影片大小	W：指的是影片寬度。H：指的是影片的高度。
Autoplay	是否要讓網頁一開啓就播放影片。
Loop	是否要重複播放。如果您想要視訊持續播放，直到使用者停止播放影片，請選取這個選項。
Muted	是否要靜音播放。
Preload	是否要讓網頁一開啓就開始下載影片。
Poster	當影片無法顯示時 (瀏覽器不支援) 時，可指定一張圖片來取代。
備用文字	當影片無法顯示 (瀏覽器不支援) 時，可顯示說明文字。

【註】如果「來源」中的視訊格式不受支援，就會使用「替換來源 1」或「替換來源 2」中指定的視訊格式。瀏覽器會選取第一個辨認的格式來顯示視訊。

當我們插入 HTML5 Video 之後，可以透過【即時】方式或按【F12】預設瀏覽器查看設定後的效果。

範例檔案：7-1.html

按【F12】預設瀏覽器查看設定後的效果

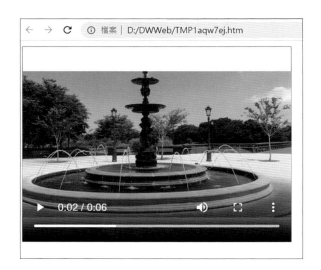

HTML5 網頁中的影片，通常是放置在＜ video ＞ ＜/video＞ 標籤組內。必須注意的是並不是所有瀏覽器都支援＜ video ＞標籤播放影片，也並非所有影片都可以使用此標籤播放。下面表格是所整理出各個瀏覽器支援的版本。

❖ 表 7-2　瀏覽器種類介紹

瀏覽器種類	支援＜ video ＞標籤的版本	支援＜ video ＞標籤的影片
IE	IE 9.0 以上版本	H.264(*.mp4、*.m4v)
Chrome	Chrome 4.0 以上版本	Theora(*.ogg、*.ogv)/ H.264(*.mp4、*.m4v)
Firefox	Firefox 3.5 以上版本	Theora(*.ogg、*.ogv)/ H.264(*.mp4、*.m4v)
Sofari （蘋果系列）	Sofari 4.0 以上版本	H.264(*.mp4、*.m4v)

從表 7-2 可以看出大部份的瀏覽器都支援 H.264(*.mp4、*.m4v) 格式。因此若是採用相機或手機攝的影片，建議將格式轉換成 H.264(*.mp4、*.m4v) 格式後，儲存到網路資料夾，才算是完成準備的工作。

7-2　插入音樂及背景音樂

有時為了讓網頁更具有豐富性，會在設計網頁時會加入音樂或背景音樂。在 Dreamweaver 可以利用「連結到音效檔」方式插入音效，或者「嵌入音效檔」設定為背景音樂。Dreamweaver 支援 ogg、wav、mp3 格式。說明如下：

7-2-1　連結到音效檔

連結到音效檔，是新增音效到網頁的一種簡單而有效的方式。這種整合音效檔案的方法，可以讓瀏覽者選擇是否要聽這個檔案，也可以讓檔案提供給更多瀏覽者使用。

1. 先將滑鼠移到插入處。
2. 點選「插入→ HTML → HTML5 Audio」功能，選取你要用做音效檔連結的文字或影像，HTML5 音效檔隨即插入指定的位置。

範例檔案：7-5.html

3. 在「屬性」檢視窗中，按一下「連結」文字方塊旁的資料夾圖示來瀏覽音效檔，或在「連結」文字方塊中鍵入檔案的路徑和名稱。

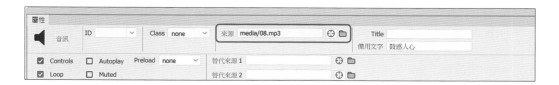

4. 在「屬性」面板中,設定各種選項的值。以下是各項屬性說明:

來源	設定輸入音效檔案的位置,或者,按一下資料夾圖示,從本機檔案系統選取音效檔案。
Autoplay	是否要讓網頁一開啟就播放影片。
Loop	是否要重複播放。如果您想要視訊持續播放,直到使用者停止播放影片,請選取這個選項。
Muted	是否要靜音播放。
Preload	是否要讓網頁一開啟就開始下載影片。
Poster	當影片無法顯示時 (瀏覽器不支援) 時,可指定一張圖片來取代。
備用文字	當影片無法顯示 (瀏覽器不支援) 時,可顯示說明文字。

當我們插入 HTML5 Audio 之後,可以透過【即時】或【瀏覽器】方式查看設定後的效果。

1. 透過【即時】查看的效果

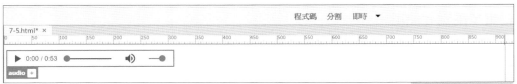

範例檔案:7-5.html

2. 透過【F12】預設瀏覽器查看的效果

7-2-2　嵌入音效檔

　　嵌入音效會直接將聲音包含在網頁中，網頁瀏覽者必須擁有所選取音效檔的正確外掛程式，才能播放這個音效。如果你要使用音效作為背景音樂，或是想要控制音量、頁面上播放器的外觀，或是音效檔的開始和結束點，請嵌入檔案。

1. 先將滑鼠移到插入處。
2. 點選「插入→HTML→外掛程式」功能，選取要使用的音效檔連結的文字或影像，隨即插入指定的位置。插入完成後，結果如下：

範例檔案：7-6.html

3. 在「屬性」面板中，設定各種選項的值。以下是各項屬性說明：

原始檔	設定檔案的位置，按一下資料夾圖示，從本機檔案系統選取檔案。
寬度	外掛程式預留位置的寬度。這些設定會決定瀏覽器中所顯示音效控制項的大小。
高度	外掛程式預留位置的高度。這些設定會決定瀏覽器中所顯示音效控制項的大小。

若是要把音效設定為背景音樂，則需要到【參數】來進行設定。在此處設定參數【hidden】(隱藏面板)，值設定為 true (真)。

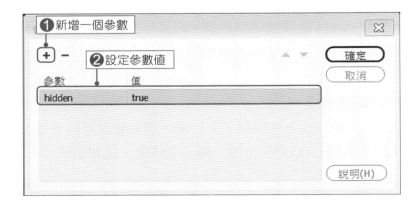

當我們插入【外掛程式】之後，可以透過【即時】或【F12】預設瀏覽器方式查看設定後的效果。

範例檔案：7-6.html

本章習題

一、是非題

(　　) 1. HTML5網頁中的影片，通常是放置在＜video＞＜/video＞標籤組內。常見的瀏覽器所有版本都支援該功能。

(　　) 2. 如果「來源」中的視訊格式不受支援，就會使用「替換來源 1」或「替換來源 2」中指定的視訊格式。瀏覽器會選取第一個辨認的格式來顯示視訊。

(　　) 3. 嵌入音效會直接將聲音包含在網頁中。如果你要使用音效作為背景音樂，或是想要控制音量、頁面上播放器的外觀，或是音效檔的開始和結束點，請嵌入檔案。

(　　) 4. 大部份的瀏覽器都支援都支援 H.264(*.mp4、*.m4v) 格式。

(　　) 5. Dreamweaver 2021 支援 HTML5 Audio 功能，可以透過「插入 → HTML → HTML5 Audio」便可把音效檔插入。

二、實作題

請將指定的背景圖及影片插入至網頁中，並且，設定背景音樂。

背景圖	7-9.jpg
影片檔	Demo.mp4
背景音樂	08.mp3

完成後的參考畫面。

Note

8

≫表格的應用

課堂導讀

　　在網頁設計中，表格是經常運用到的元件，它可以讓圖文網頁看起更美化。表格的資料可以透過外部資料匯入表格中，也可以使用表格排序方式，讓資料看起來更有順序。本章介紹如何建立表格、表格編修、儲存格插入、合併、刪除的操作、外部資料匯入、表格排序等操作。

學習重點提要

- 學習如何建立表格。
- 了解表格組成元素。
- 學習如何從外部匯入資料。
- 學習如何編修表格和儲存格。
- 表格資料排序的操作方式。

8-1 表格的建立

　　表格經常應用於網頁設計中。Dreamweaver 中透過「插入 → HTML → Table」新增一個表格。例如：建立一個 2×6（表示：2 欄 6 列）的表格。操作步驟如下：

01 將滑鼠移到「插入 → HTML → Table」。

02 表格的設定如下圖。設定完成如圖 8-1。

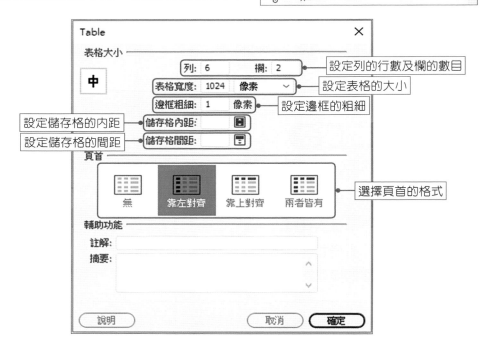

【圖 8-1】這是 2 欄 6 列的表格

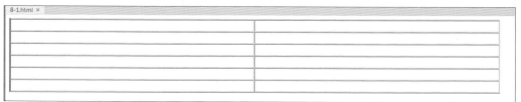

範例檔案：8-1.html

8-2　表格的組成元素

　　表格的組成基本上是由「儲存格」組成，橫向稱為列，直向稱為「欄」。例如下面這張圖是一個 3 列 2 欄的表格。如表格中的「學號」、「姓名」稱為「列」；「學號」、「10900111」、「10900112」稱為「欄」。最外圍的粗框稱為「邊框」。

範例檔案：8-2.html

學號 列	姓名	第 1 列
10900111 欄	李大同	第 2 列
10900112	王小明	第 3 列

第 1 欄　　　　　第 2 欄

　　儲存格與儲存格之間的距離，稱為「儲存格間距」（如紅色線所示）。

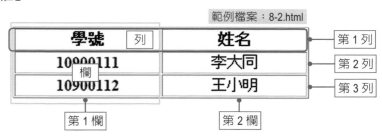

學號	姓名	儲存格間距
10900111	李大同	
10900112	王小明	

儲存格中的文字與儲存格外框之間的距離，稱為「儲存格內距」（如黃色線所示）。

學號	姓名
10900111	李大同
10900112	王小明

儲存格內距

範例檔案：8-2.html

8-3 從外部資料匯入表格

Dreamweaver 提供使用者從外部匯入「表格式資料」以及「XML 匯入範本」。所謂「表格式資料」是指能夠分隔符號的文字檔案，例如：逗號、分號、冒號…。如【餐點 .txt】所示，它是以「逗號」做為分隔的符號。那麼如何把「餐點 .txt」匯入至 Dreamweaver 中？我們可以透過【匯入表格式資料】的方式把資料轉換成表格。

操作步驟如下：

01　先從「檔案→匯入→表格式資料」。

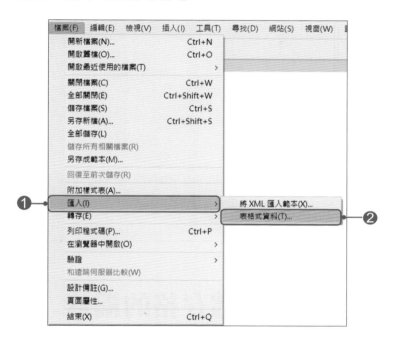

02　設定「匯入表格式資料」的相關設定。

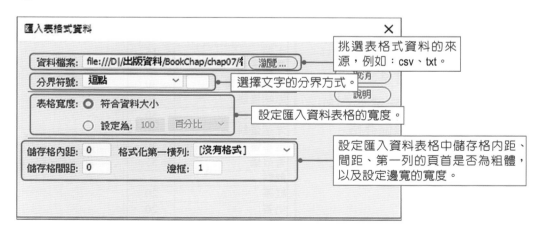

03 匯入表格資料結果。匯入的表格，在後續可以繼續進行表格美化的工作。

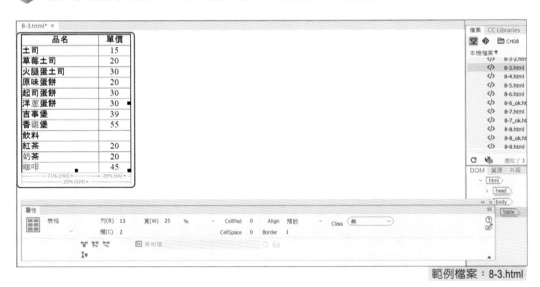

範例檔案：8-3.html

 8-4 表格和儲存格的編修

編輯表格或儲存格的第一件事，就是先選取欲編輯的表格或列、欄或儲存格。

01 儲存格的選取方式

將滑鼠移到儲存格之後，同時按著「滑鼠左鍵 + CTRL 鍵」便可選取該儲存格。

品名	單價
土司	15
草莓土司	20
火腿蛋土司	30
原味蛋餅	20
起司蛋餅	30
洋蔥蛋餅	30
吉事堡	39
香雞堡	55
飲料	
紅茶	20
奶茶	20
咖啡	45

紅色框線是所選取的儲存格。

範例檔案：8-4.html

02 選取「欄」的方式：將滑鼠移到首欄，長按「滑鼠左鍵」便可選取整欄。

品名	單價
8-3.html* ×	
品名	單價
土司	15
草莓土司	20
火腿蛋土司	30
原味蛋餅	20
起司蛋餅	30
洋蔥蛋餅	30
吉事堡	39
香雞堡	55
飲料	
紅茶	20
奶茶	20
咖啡	45

> 將滑鼠移到首欄，長按滑鼠左鍵便可選取整欄。

71% (160) ▾　29% (66) ▾
25% (229) ▾

03 選取「列」的方式：將滑鼠移到每一列的開始出現「→」長按【滑鼠左鍵】便可選取整列。若是和「CTRL 鍵」一起按便可選取多列。

> 將滑鼠移到每列開始，出現「→」選取整列，若是和「CTRL 鍵」一起按，便可選取多列。

品名	單價
8-3.html* ×	
品名	單價
土司	15
草莓土司	20
火腿蛋土司	30
原味蛋餅	20
起司蛋餅	30
洋蔥蛋餅	30
吉事堡	39
香雞堡	55
飲料	
紅茶	20
奶茶	20
咖啡	45

71% (160) ▾　29% (66) ▾
25% (229) ▾

04 表格選取的方式如下：

(1) 先點選欲處理的表格處。

(2) 在功能表的編輯功能選取表格，在表格中其中有一個選項是選取表格，
點選「選取表格」便完成選取作業。

(3) 選取完成後的畫面

品名	單價
土司	15
草莓土司	20
火腿蛋土司	30
原味蛋餅	20
起司蛋餅	30
洋蔥蛋餅	30
吉事堡	39
香雞堡	55
飲料	
紅茶	20
奶茶	20
咖啡	45

8-4-1　表格與儲存格的屬性面板

　　我們在點選表格後，在【屬性】面板出現的是表格屬性面板，提供表格相關屬性的調整。下面的圖呈現：列與欄的數字，表示該表格是 2 欄 13 列所組成的表格。在寬度設定部份，提供「百分比」與「像素」兩種設定方式，「百分比 (%)」是不會受到螢幕解析度的影響，但「像素」的設定則會因解析度不同而導致表格呈現的方式會有所不同。換言之，就是比較容易跑掉原設定好的格式。下圖的表格寬度設定為 25%，表示佔網頁寬度的百分之25。Cellpad 為 0，Cellspace 為 0，Border（邊框）為 0，Align 指的是表格在網頁中的對齊方式，預設值為靠左對齊，在此處提供了三種對齊的方式：靠左對齊、置中對齊、靠右對齊。

範例檔案：8-3.html

圖示	說明
清除欄寬度
將表格寬度轉換成像素
將表格寬度轉換成百分比
清除列高度

我們在點選儲存格後，在【屬性】面板中出現是儲存格屬性面板，提供儲存格相關屬性調整。儲存格屬性面板提供了儲存格內文字對齊方式的調整，包括：水平、垂直的對齊方式；儲存格寬度、高度設定；儲存格背景顏色設定及文字換行和表頭的設定。

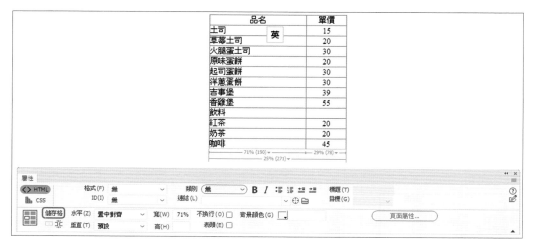

針對上述的相關設定，說明如下：

儲存格文字對齊方式

Dreamweaver 提供了儲存格內文字對齊方式，包栝：水平對齊方式及垂直對齊方式。

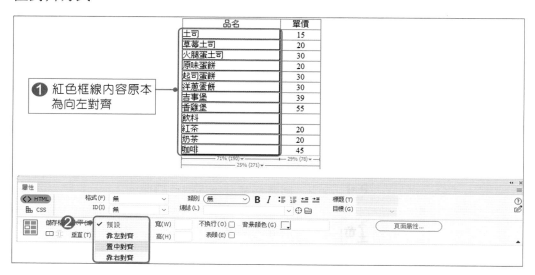

若是打算將紅色框線的內容設定為水平「置中對齊」，在儲存格屬性面板中的水平設定為「置中對齊」，設定結果如下：

品名	單價
土司	15
草莓土司	20
火腿蛋土司	30
原味蛋餅	20
起司蛋餅	30
洋蔥蛋餅	30
吉事堡	39
香雞堡	55
飲料	
紅茶	20
奶茶	20
咖啡	45

紅色框線內容為設定完成的結果

71% (190) ▾   29% (78) ▾
25% (271) ▾

範例檔案：8-4_ok.html

儲存格寬度、高度設定

Dreamweaver 提供了儲存格寬度、高度設定。例如：打算將儲存格的高度設定為 20。操作步驟為：

01 選取打算調整的儲存格。

02 在儲存格屬性面板中設定高度 20。

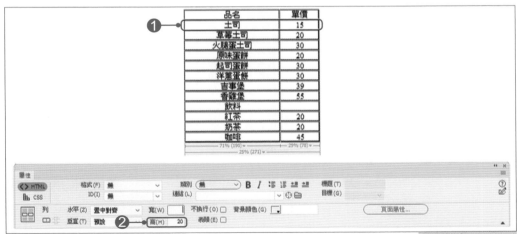

範例檔案：8-5.html

設定表頭方式

通常表格的第一列都是設定為表頭。在 Dreamweaver 中，只要在儲存格屬性中，將「表頭」選項勾選便完成設定。

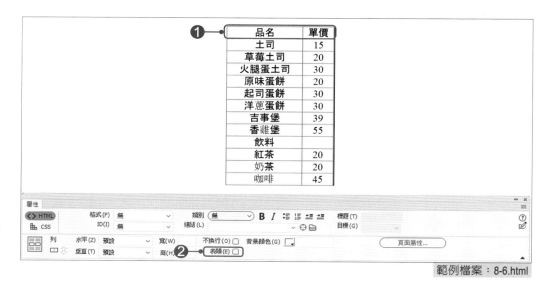

範例檔案：8-6.html

範例檔案：8-6_ok.html

設定「儲存格」背景

　　我們建立好表格之後，每個儲存格的背景可以利用「屬性」面板來進行設定。操作步驟如下：

01 開啓範例檔案 8-7.html，選取打算設定背景的儲存格。

02 在儲存格屬性面板中設定背景顏色。

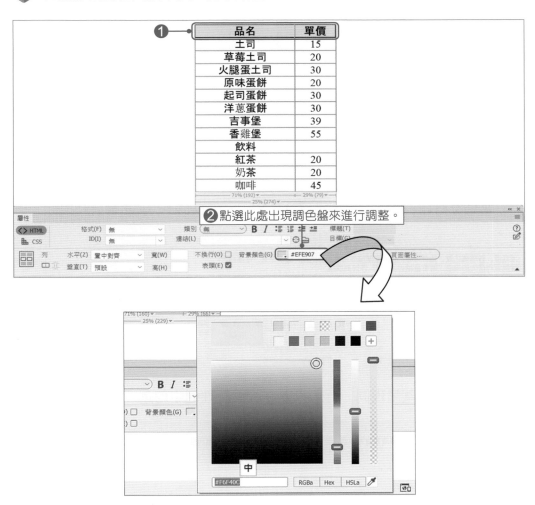

設定完畢，出現畫面如下：

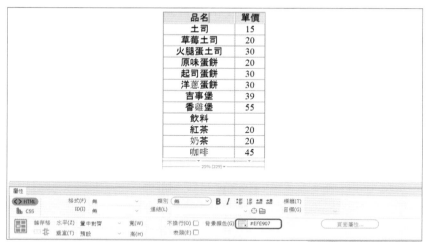

範例檔案：8-7_ok.html

儲存格不換行設定

當儲存格輸入的內容已超過預設寬度時，在 Dreamweaver 會自動換行。

範例檔案：8-8_ok.html

但若是你希望呈現同一行，只要在版面屬性面中勾選「不換行」即可。

範例檔案：8-8_ok.html

8-4-2　列的合併、插入、刪除

當我們設定好所預定好的表格之後，可能因為排版問題，需要做適當的調整，例如：刪除某一列、某一欄，或者打算合併某一列，插入某一列、某一欄，在 Dreamweaver 的儲存格屬性面板及表格功能中可以設定以下功能。

刪除列

01 開啟範例 8-9.html，選取打算刪除的列。

02 移動滑鼠至「編輯→表格→刪除列」。

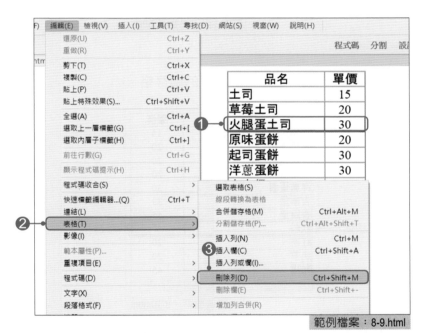

範例檔案：8-9.html

03 刪除後的結果。

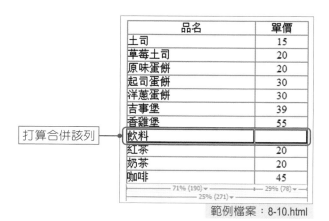

品名	單價
土司	15
草莓土司	20
原味蛋餅	20
英 蛋餅	30
蛋餅	30
吉事堡	39
香雞堡	55
飲料	
紅茶	20
奶茶	20
咖啡	45

從表格中已看不到「火腿蛋土司」的資料。

範例檔案：8-9_ok.html

合併儲存格

01 開啟範例檔案 8-10.html，選取打算合併的儲存格。

品名	單價
土司	15
草莓土司	20
原味蛋餅	20
起司蛋餅	30
洋蔥蛋餅	30
吉事堡	39
香雞堡	55
飲料	
紅茶	20
奶茶	20
咖啡	45

打算合併該列

範例檔案：8-10.html

02 移動滑鼠至儲存格屬性面板中，出現「列」，選取 □□ 表示「合併選取的儲存格」。

03 合併後的結果

品名	單價
土司	15
草莓土司	20
原味蛋餅	20
起司蛋餅	30
洋蔥蛋餅	30
吉事堡	39
香雞堡	55
飲料	
紅茶	20
奶茶	20
咖啡	45

合併後的結果

範例檔案：8-10_ok.html

插入列

　　以下圖為例，我們打算在「奶茶」前插入新的一列。

01 選取插入的列。

品名	單價
土司	15
草莓土司	20
原味蛋餅	20
起司蛋餅	30
洋蔥蛋餅	30
吉事堡	39
香雞堡	55
飲料	
紅茶	20
奶茶	20
咖啡	45

71% (190) ▼　　29% (78) ▼
25% (271) ▼

範例檔案：8-11.html

02 移動滑鼠至「編輯→表格→插入列」。

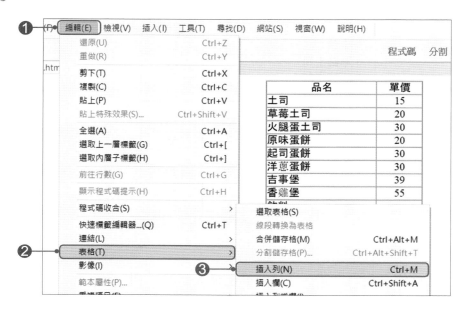

03 插入後的結果。

品名	單價
土司	15
草莓土司	20
原味蛋餅	20
起司蛋餅	30
洋蔥蛋餅	30
吉事堡	39
香雞堡	55
飲料	
紅茶	20
奶茶	20
咖啡	45

插入後的結果

71% (190) ▾ — 29% (78) ▾

範例檔案：8-11_ok.html

8-4-3　欄的刪除、合併、插入

插入欄

以下圖為例，我們打算在「單價」前插入新的一欄。操作步驟：

01 開啟範例檔案 8-12.html，選取「單價」那一欄。

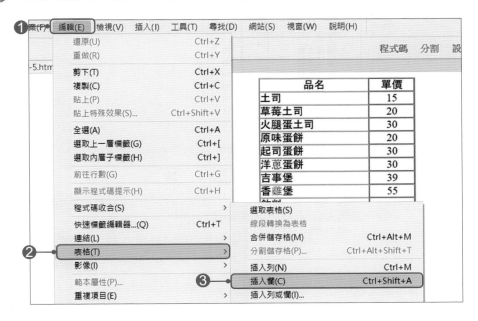

範例檔案：8-12.html

02 移動滑鼠至「編輯→表格→插入欄」。

03 插入欄後的結果。

品名		單價
土司		15
草莓土司		20
原味蛋餅		20
起司蛋餅		30
洋蔥蛋餅		30
吉事堡		39
香雞堡		55
飲料		
紅茶		20
奶茶		20
咖啡		45

插入欄後的結果

範例檔案：8-12_ok.html

刪除欄

01 開啟範例檔案 8-13.html，選取打算刪除的欄。

02 移動滑鼠至「編輯→表格→刪除欄」。

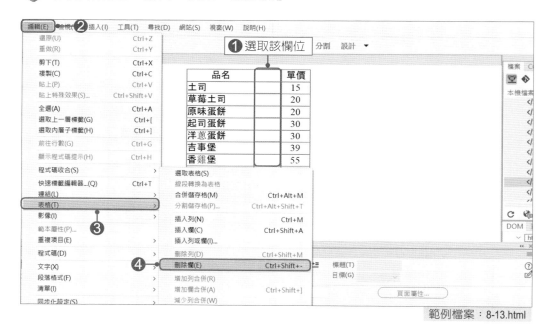

範例檔案：8-13.html

03 刪除欄後的結果。

品名	單價
土司	15
草莓土司	20
原味蛋餅	20
起司蛋餅	30
洋蔥蛋餅	30
吉事堡	39
香雞堡	55
飲料	
紅茶	20
奶茶	20
咖啡	45

範例檔案：8-13_ok.html

合併欄

01 開啟範例檔案 8-14.html，選取打算合併的儲存格。

範例檔案：8-14.html

02 移動滑鼠至儲存格屬性面板中，出現「欄」，選取 🔳 表示「合併選取的儲存格」。

03 合併後的結果

	商品代碼	V25U3-6G
	商品名稱	2.5吋硬碟外接盒
	規　格	白色

範例檔案：8-14_ok.html

⚙ 8-5 儲存格的分割

當我們已建立好表格之後，發現「儲存格」的列或欄不夠時，這時候可以透過「儲存格分割」的方式來處理。操作步驟如下：

01 先選取預分割的儲存格。

02 將移動滑鼠至「編輯→表格→分割儲存格」。

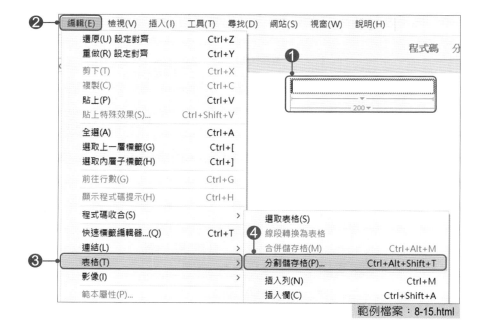

範例檔案：8-15.html

03 選擇「儲存格分割」的方式，選擇分割成「列」或「欄」。

(1) 分割成列。

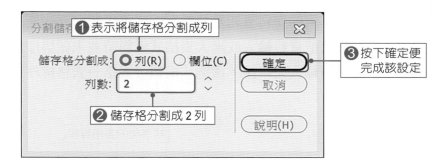

設定好的結果，儲存格便分成 2 列。

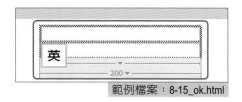

範例檔案：8-15_ok.html

(2) 分割成欄。

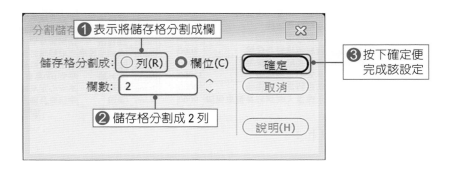

設定好的結果，儲存格便分成 2 欄。

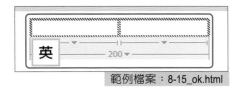

範例檔案：8-15_ok.html

8-6　表格資料的排序

　　為了讓表格內的資料看起是井然有序，讓瀏覽網頁的使用者可以很快速找到資料。我們把資料輸入或匯入表格式資料時並未做排序動作，我們可以把表格內的資料輸入完畢後，透過「編輯→表格→表格排序」方式完成表格排序作業。

未排序前的原始資料

銷售員	類別	保單名稱	保額
Amber	投資型保險	超優勢變額保險	12000
Cindy	長期照護險	長期看護終生保險	6000
Jason	意外險	平安100專案	1200
Ben	防癌險	保安心防癌健康保險	5600
Cindy	壽險	享安心定期壽險	12000
Amber	投資型保險	如意人生變額保險	20000
Jason	長期照護險	殘廢照護終身保險	6000
Ben	防癌險	一次付防癌險	8000
Amber	壽險	幸福終身壽險	18000
Amber	投資型保險	如意人生變額保險	32000
Jason	重大疾病險	永康重大疾病終身健康保險	10000
Cindy	意外險	安心守護專案	3000
Amber	投資型保險	超優勢變額保險	18000
Amber	防癌險	安心防癌健康保險	36000
Ben	重大疾病險	關懷一年重大疾病險	3500
Jason	壽險	幸福終身壽險	25000
Jason	壽險	享安心定期壽險	8000
Ben	長期照護險	殘廢照護終身保險	8000
Cindy	投資型保險	富貴長紅年金保險	9000
Ben	壽險	享安心定期壽險	32000
Jason	防癌險	防癌終身健康保險	50000
Amber	重大疾病險	永康重大疾病終身健康保險	9000

排序後的表格資料

銷售員	類別	保單名稱	保額
Amber	投資型保險	如意人生變額保險	20000
Amber	投資型保險	超優勢變額保險	18000
Amber	投資型保險	超優勢變額保險	12000
Amber	投資型保險	如意人生變額保險	32000
Amber	防癌險	安心防癌健康保險	36000
Amber	重大疾病險	永康重大疾病終身健康保險	9000
Amber	壽險	幸福終身壽險	18000
Ben	防癌險	一次付防癌險	8000
Ben	防癌險	保安心防癌健康保險	5600
Ben	長期照護險	殘廢照護終身保險	8000
Ben	重大疾病險	關懷一年重大疾病險	3500
Ben	壽險	享安心定期壽險	32000
Cindy	投資型保險	富貴長紅年金保險	9000
Cindy	長期照護險	長期看護終生保險	6000
Cindy	意外險	安心守護專案	3000
Cindy	壽險	享安心定期壽險	12000
Jason	防癌險	防癌終身健康保險	50000
Jason	長期照護險	殘廢照護終身保險	6000
Jason	重大疾病險	永康重大疾病終身健康保險	10000
Jason	意外險	平安100專案	1200
Jason	壽險	享安心定期壽險	8000
Jason	壽險	幸福終身壽險	25000

範例檔案：8-16.html

　　操作步驟如下：

01　選取表格。

02　將移動滑鼠至「編輯→表格→表格排序」。

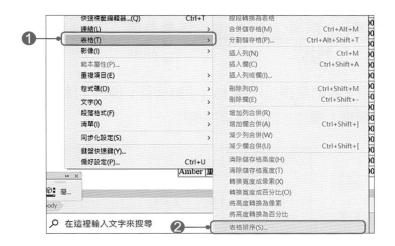

03 選擇排序的條件。

排序：指的是欄位順序。以本範例而言，這表格有 4 個欄位 (銷售員、類別、保單名稱、保額)。在排序項目中會出現「欄 1」(代表「銷售員」欄位)、「欄 2」(代表「類別」欄位)、「欄 3」(代表「保單名稱」欄位)、「欄 4」(代表「保額」欄位)。

在本範例中，我們選擇以「欄1」(「銷售員」欄位) 為主要排序欄位。以「欄2」(「類別」欄位) 為次要排序欄位。

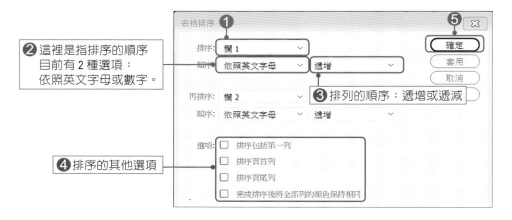

❷ 這裡是指排序的順序目前有2種選項：依照英文字母或數字。

❸ 排列的順序：遞增或遞減

❹ 排序的其他選項

設定完成之後，已完成表格排序。

主排序	次要排序

銷售員	類別	保單名稱	保額
Amber	投資型保險	如意人生變額保險	20000
Amber	投資型保險	超優勢變額保險	18000
Amber	投資型保險	超優勢變額保險	12000
Amber	投資型保險	如意人生變額保險	32000
Amber	防癌險	安心防癌健康保險	36000
Amber	重大疾病險	永康重大疾病終身健康保險	9000
Amber	壽險	幸福終身壽險	18000
Ben	防癌險	一次付防癌險	8000
Ben	防癌險	保安心防癌健康保險	5600
Ben	長期照護險	殘廢照護終身保險	8000
Ben	重大疾病險	關懷一年重大疾病	350
Ben	壽險	享安心定期壽險	32000
Cindy	投資型保險	富貴長紅年金保險	9000
Cindy	長期照護險	長期看護終生保險	6000
Cindy	意外險	安心守護專案	3000
Cindy	壽險	享安心定期壽險	12000
Jason	防癌險	防癌終身健康保險	50000
Jason	長期照護險	殘廢照護終身保險	6000
Jason	重大疾病險	永康重大疾病終身健康保險	10000
Jason	意外險	平安100專案	1200
Jason	壽險	享安心定期壽險	8000
Jason	壽險	幸福終身壽險	25000

範例檔案：8-16_ok.html

本章習題

(　　) 1. 有關表格的敍述下列何者是不正確？　(A) 可以排序資料　(B) 可以設定列的資料　(C) 表格邊框可以設定為 0　(D) 表格無法加入表頭文字。

(　　) 2. 有關表格的屬性敍述下列何者是不正確？　(A) 可以設定表格對齊的方式　(B) 可以設定邊框的顏色　(C) 可以設定背景影像　(D) 可以清除欄寬度。

(　　) 3. Dreamweaver 提供表格排序功能，最多可排序幾項順序？
(A)1 項　(B)2 項　(C)3 項　(D)4 項。

(　　) 4. 有關表格的頁首敍述下列何者是不正確？　(A) 可以設定置中對齊　(B)可以設定靠上對齊　(C)可以設定靠左對齊　(D)可以設定靠右對齊。

(　　) 5. 我們可以將文字檔 (ex:txt 檔) 透過「檔案→匯入→表格式資料」把資料匯入網頁，那一個分割符號是不支援？
(A) 逗號　(B) 空格　(C) 分號　(D) 冒號。

(　　) 6. 儲存格與儲存格之間的距離，稱為
(A) 儲存格間距　(B) 邊框　(C) 儲存格內距　(D) 儲存格外距。

二、實作題

1. 請建立一個 3 × 5 的表格。表格要：寬 600 像素、高 200 像素、內距 3 像素、間距 3 像素、邊框 0。

2. 試著將 8-7.txt 資料匯入網頁，並依下列說明進行設定。（檔案位置 ch08\files）

表格位置	置中對齊
表頭	水平置中對齊 垂直置中對齊
表格寬度	500 像素
內距	3 像素
間距	3 像素
邊框	10 像素

參考畫面

學號	國文	數學	英文	地理	物理	歷史	化學
A10501	58	33	40	68	50	70	55
A10502	66	68	50	80	57	81	63
A10503	70	73	67	88	60	80	71
A10504	89	80	73	90	70	92	81
A10505	56	63	43	80	83	72	78
A10506	91	85	88	93	80	93	77
A10507	66	71	58	82	76	82	70
A10508	63	65	60	78	80	89	68
A10509	88	90	85	83	78	93	81
A10510	76	53	66	83	79	89	53

範例檔案：8-17_ok.html

≫網站建置與維護

 課堂導讀

　　本章主要介紹如何在本機建置網站、管理網站以及匯出網站、匯入網站的操作方式。

 學習重點提要

- 網站建置。
- 網站的刪除、修改、複製。
- 網站的匯出、匯入。

9-1 本機網站建置

本機網站建置方式十分簡單，前置作業為：

01 在本機電腦上先建置一個目錄，該目錄的所有檔案皆為網站所需要的，例如：圖片、動畫檔、CSS 等。如圖所示：

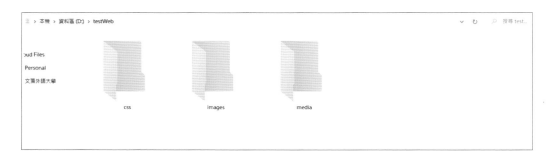

02 將滑鼠移至「網站→新增網站」。

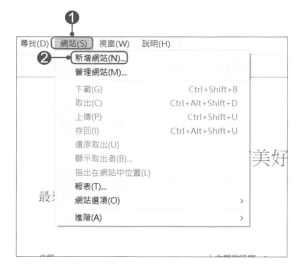

03 緊接著進行相關設定。例如：網站名稱、本機網站資料夾。在本範例中，
我們將「網站名稱」設定為「我的第一個網站」，本機網站資料夾為
「testWeb」。

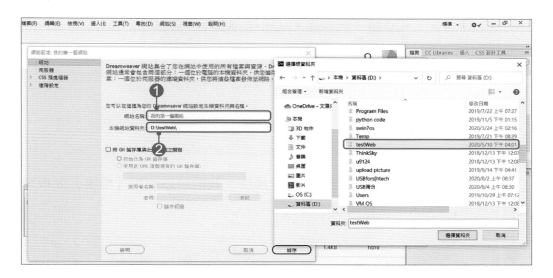

將相關資料設定後的結果，如下：

　　如果，我們先前已經建立了網站，那麼，我們可以利用【檔案】面板來進行切換網站，再來進行後續的編輯。

9-2　網站維護

　　在前面的章節中已經介紹過網站建置流程，本章節再進一步說明網站建置後續的維護。操作步驟如下：

01 將滑鼠移到「網站→管理網站」。

02 選擇修改的網站。在畫面的下方有 ⬚ 來選擇想處理的項目。下表為項目說明。

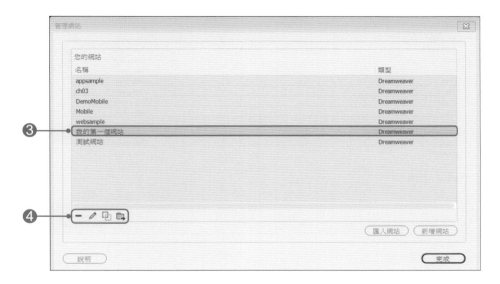

―	刪除目前選取的網站
✏	編輯目前選取的網站
⎘	複製目前選取的網站
⮕	匯出目前選取的網站

9-2-1　刪除網站

當網站建立越來越多時，有些網站可能已經很少使用，若想要將它從 Dreamweaver 中移除，操作步驟如下：

01 選取想要移除網站的名稱。在本範例中，我們想要移除「appsample」這個網站，我們就將滑鼠移至該處。

02 點選 ― （刪除）。在刪除網站之前，請先把網站進行備份作業。

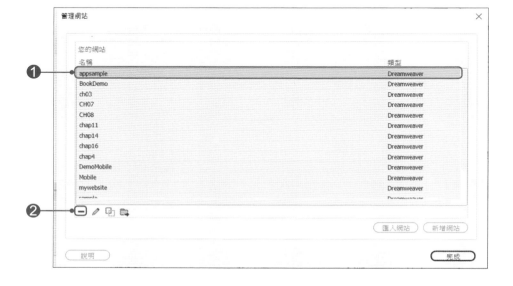

03 系統會詢問你是否要刪除該網站？請注意！一旦刪除該網站，就無法還原
這個動作。

請注意！一旦刪除該網站，就無法還原這個動作

9-2-2　修改網站

網站建立完成之後，若是想要更改「網站名稱」或「本機網站資料夾」，
操作步驟如下：

01 選取想要修改網站的名稱。

02 點選 ✏ （修改）。

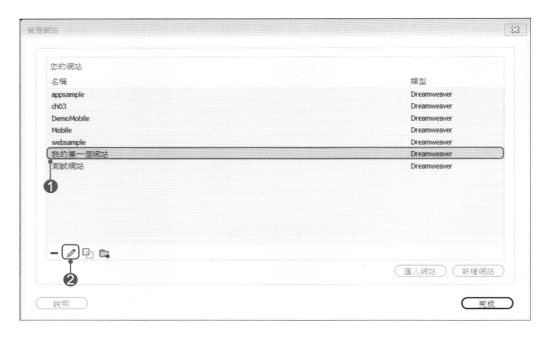

03 在下面畫面可以自行修改「網站名稱」或「本機網站資料夾」。

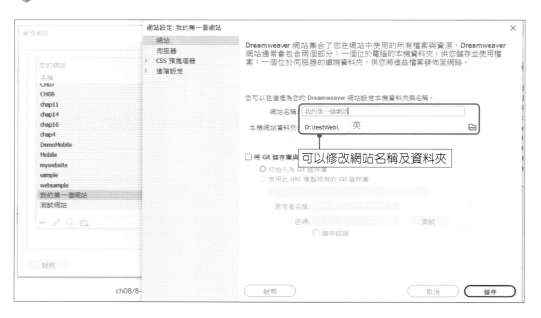

9-2-3 網站複製

有時為了加速網站的開發，我們可以把類似的網站先進行複製，再進行開發的動作，這樣做的目的可加快開發速度。操作步驟如下：

01 選取想要複製網站。

02 點選 ⬚ （複製）。

03 複製成功的網站（如圖所示）。

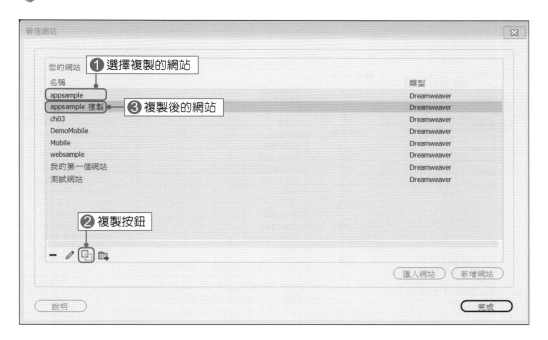

9-2-4　匯出網站

如果，我們希望把已完成的網站做一個備份的動作，可以利用「匯出」的功能，把已經完成的網站匯出至電腦中。操作步驟如下：

01 選取想要匯出的網站。

02 點選 ▣ （匯出）。

03 設定匯出的網站名稱。網站名稱的副檔名為 .ste 。

9-2-5 匯入網站

當把網站匯出之後,可以透過「匯入網站」的方式把網站匯入至 Dreamweaver 中。操作步驟如下:

01 將滑鼠移到「網站→管理網站」

02 將滑鼠移至「匯入網站」。

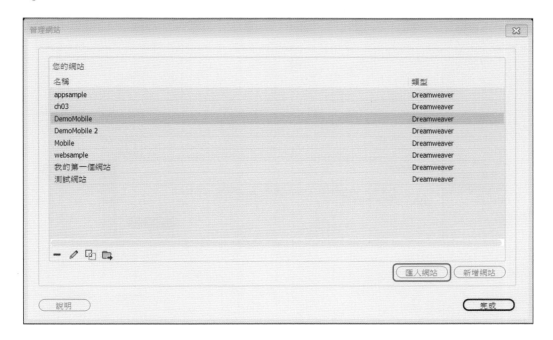

03 開啟備份的網站名稱。

當我們把備份的網站匯入到 Dreamweaver 中之後，若是匯入的網站已經存在，則會出現如下方圖示。系統自動會把它命名為「DemoMobile 2」。

匯入完成後的畫面。

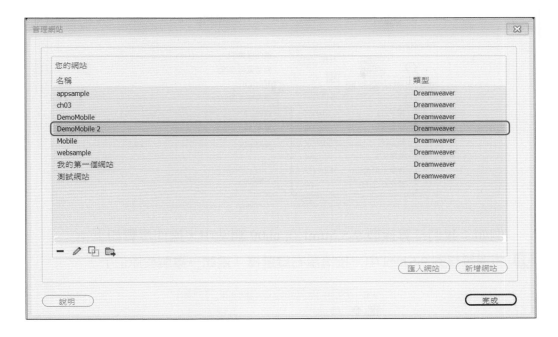

9-2-6 網站資料更新

當我們完成一個網站時，有可能會增加網頁或刪除網頁，甚至是更改網頁的名稱。在 Dreamweaver 中有提供剪下、複製、貼上、刪除、複製於原位以及重新命名等功能。操作步驟如下：

01 將滑鼠移到「檔案」。

02 再按滑鼠右鍵，將滑鼠移到「編輯」，則會出現「快顯功能表」。「快顯功能表」提供剪下、複製、貼上、刪除、複製於原位以及重新命名等功能。

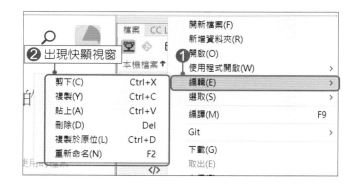

例如：我們打算複製 9-5.httml 在 ch09 網站中，操作步驟如下：

01 將滑鼠移到 9-5.html 中。按滑鼠右鍵選擇「編輯→複製於原位」。

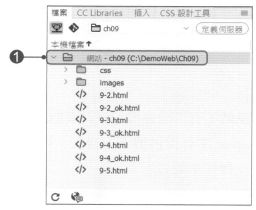

02 複製成功，則出現畫面如下：

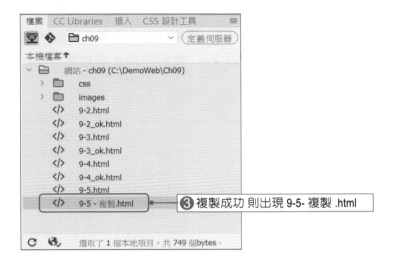

❸ 複製成功 則出現 9-5- 複製 .html

我們打算把「9-5- 複製 .html」 更名爲 「9-5_ok.html」。操作步驟與複製相同，唯一不同的是利用「編輯→重新命名」來更改名稱。

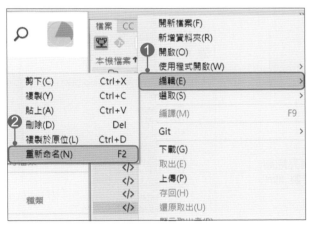

若是網站的網頁有異動，可以利用「重新整理本機檔案」把新增檔案加入。例如：在該網站目錄區 ch09 中複製 9-4.html 成 9-4 - 複製 .html。在 ch09 網站中卻看不到 9-4 - 複製 .html 檔案，因此，我們可以在「檔案」視窗 按滑鼠右鍵，將滑鼠移到「重新整理本機檔案」，便可看見剛剛新增的 9-4 - 複製 .html 檔案。

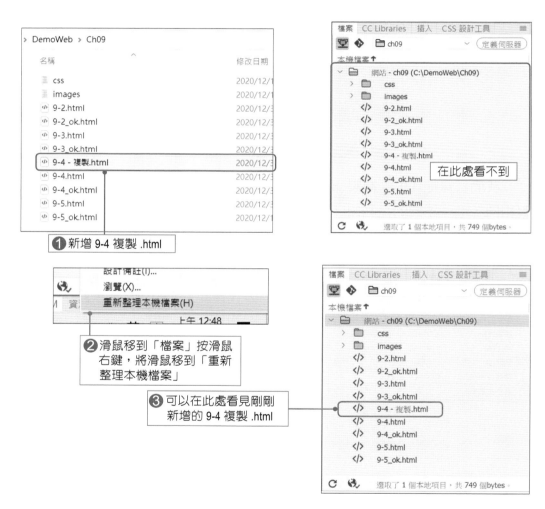

9-2-7 網站資料內容檢查

「網站資料內容檢查」的使用時機是網站目錄的檔案是直接複製到目錄中，並不是使用匯入網站的方式。此時，可以使用「網站→網站選項→檢查整個網站的連結。」

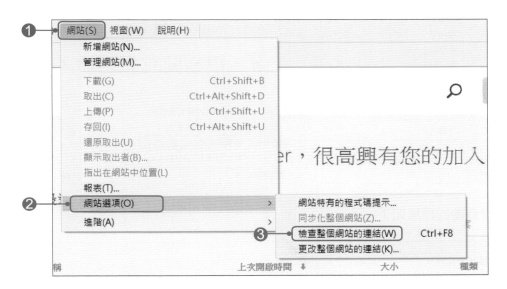

例如：我們把 ch03 目錄從光碟片中複製到 c:\ 磁碟中，因為不確定 ch03 目錄中的網頁檔案是否齊全。因此，我們可以在網站中新增一個網站之後，後續的操作步驟如下：

01 將滑鼠移到「檔案」處。

02 再將滑鼠移到「網站→網站選項→檢查整個網站的連結」

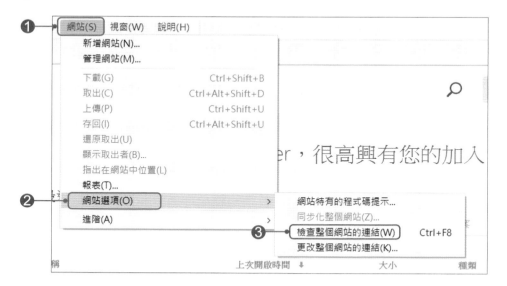

03 檢查後的結果如下：

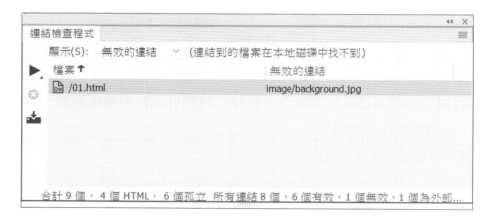

我們可以依連結檢查後的結果，進行調整。

本章習題

一、選擇題

( ) 1. 匯出網站的副檔名為何？ (A) .ste (B) .app (C) .aia (D) .PPTX。

( ) 2. 要匯入網站可執行下列那一個指令？ (A)網站→管理網站→匯出網站 (B) 檔案→開啟舊檔 (C) 網站→管理網站→匯入網站 (D) 網站→管理網站→複製網站。

( ) 3. 建立完成的網站資料會顯示在： (A) 網站面板 (B) 檔案面板 (C) 管理網站 (D) 資料面板。

( ) 4. 請問這個圖示代表何種意義？
(A) 匯出網站 (B) 匯入網站 (C) 刪除網站 (D) 複製網站。

( ) 5. 請問這個圖示代表何種意義？
(A) 匯出網站 (B) 匯入網站 (C) 刪除網站 (D) 複製網站。

二、實作題

1. 請試著架設一個新的網站，網站目錄為「測試網站」，網站名稱為 testWeb。建置完畢後，試著看看系統的變化。

Note

▶CCS 樣式設定

課堂導讀

　　CSS（Cascading Style Sheets）由 W3C 所 提 出，是 一 種 樣 式 表 （Stylesheet）語言，主要用途是控制網頁的外觀，也就是定義網頁的編排、顯示、格式化以及特殊效果，有部份的功能與 HTML 相似。本章主要是針對 CSS 樣式設定相關說明，包括：CSS 樣式的新增方式介紹、如何修改已經設定好的 CSS 樣式及套用以及類別樣式的建立與套用。

　　以往圖片的效果是需要透過撰寫程式的方式才能達到效果，在 Dreamweaver 中，提供了「CSS 轉變」的功能，只要透過「CSS 轉變」的對話視窗設定，輕輕鬆鬆完成。

學習重點提要

- 了解 CSS 樣式與網頁結合的方式。
- 如何建立全新 CSS 樣式的方式。
- 如何修改現存 CSS 樣式檔的方式。
- 了解如何建立新的類別樣式。
- 如何利用 CSS 轉換功能讓圖片呈現特效的效果。

10-1 HTML 簡介

HTML 起源 1990 年代，物理學家 Tim Berners-Lee 為了方便與世界各地的物理學家連繫，於是提出 HTML 的概念。最初的 HTML 只有純文字，直到 1993 年之後加入了圖片，後續有些修正，迄今的版本為 HTML 5。HTML 5 的設計原則有幾點：相容性、實用性、操作性以及通用存取性。

HTML 可稱為超文件標記語言（Hypertext Markup Language，簡稱：HTML）是一種用於建立網頁的標準標記語言。HTML 是由 W3C（World Wide Web Consortiuadim）所提出，主要的用途是用來作網頁。HTML 文件是由「標籤」（tag）與「屬性」（attribute）所組成，也可以稱為元素。透過瀏覽器可以直接看到 HTML 的原始碼，就能直譯成網頁。

HTML 架構

HTML 提供 4 個最基本標籤，這些標籤架構出 HTML 文件的結構。一般看到的是 HTML 文件，這些標籤為主體，再加上其他標籤擴充。在撰寫 HTML 時，所有的標籤以對稱式的方式撰寫。常用的 4 個標籤為：

▶ \<html\>：HTML 文件的開始與結束。

▶ \<head\>：標示文件資訊。

▶ \<title\>：文件標題。

▶ \<body\>：標示本文。

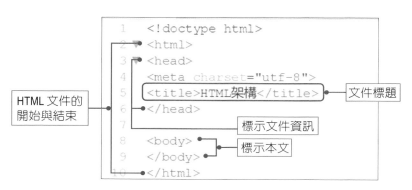

❖ 表 10-1　常見的 HTML 語法（本書只列出常見的 HTML 語法）

說明	HTML 語法
HTML 文件的開始與結束	\<html>\</html>
標示文件資訊	\<head>\</head>
文件標題	\<title>\</title
標示本文	\<body>\</body>
字形	\<font>\</font>
字形大小	設定大小 size=? 其中 ?=1、2、3、4、5、6、7 預設 3 數字越大文字越大
字形顏色	設定顏色 color=#******
設定標題的大小	\<h?>\</h?> 其中 ?=1、2、3、4、5、6 且 1 的文字最大
表格	\<table>\</table>
邊線的設定	border=n，n 表數字
表格位置	align=left、center、right
宣告列	\<tr>\</tr>
標題宣告	\<th>\</th>
資料欄宣告	\<td>\</td>
超鏈結	\<a href=url>...\</a>
圖形	\<img src=url>\</img>
表單	\<form method=get、post action=utl> \</form>

10-2　CSS 樣式與網頁結合

CSS（Cascading Style Sheets）由 W3C 所提出，是一種樣式表（Stylesheet）語言，主要用途是控制網頁的外觀，也就是定義網頁的編排、顯示、格式化以及特殊效果，有部份的功能與 HTML 相似。CSS 樣式是用來補充 HTML 不足，因此，CSS 是存在於 HTML 標籤之中。打開 HTML 的程式碼時，會在程式碼中看見 <style>...</style> 的標籤中。

```
1   <!doctype html>
2 ▼ <html>
3 ▼ <head>
4 ▼   <style type="text/css">
5 ▼     div {
6         background-color: #FFF000;
7         font-size: large;
8         color: #FF0000;
9         }
10      </style>
11  </head>
12
13 ▼ <body>
14 ▼   <div>
15        Hello
16    </div>
17  </body>
18
19  </html>
20
```

把 CSS 寫在此

基本上，CSS 樣式與網頁結合方式有四種，行內套用（Inline）、嵌入套用 (Embed)、外部連接套用（External Link）、匯入套用（Import）等，各別說明如下：

行內套用（Inline）

若是強調某一段落，可在標籤中加入「style=」屬性的設定值。雖然這樣處理會有比較多變化，但是比較難以管理。例如：

```
6   </head>
7   <body><p style='font-size: 36px; color: rgba(249,13,13,1);'>行內套用</p>
8   </body>
```

嵌入套用（Embed）

　　這種方式是將 CSS 語法放置於 <head> 與 </head> 標籤之間，以設定整個網頁樣式。

```
 1    <!doctype html>
 2 ▼  <html>
 3 ▼  <head>
 4    <meta charset="utf-8">
 5    <title>嵌入套用</title>
 6 ▼    <style type="text/css">
 7 ▼    div {
 8        background-color: #FF0000;
 9        }
10    </style>
11  </head>
```

　　執行結果：

背景顏色是紅色

外部連接套用（External Link）

　　當網站的內容越來越多的時候，爲了有效管理網站，我們可以考慮將文字內容與排版分開來處理，就是說 HTML 只負責文章內容而 CSS 專門控制版面編排。最後，再將 CSS 所定義的樣式，以連結的方式與其他的 HTML 網頁結合在一起。

　　一旦，CSS 樣式有異動時，其他網頁若有使用到該 CSS，也會一併更新。因此，我們可以把 CSS 樣式獨立成爲一個電子檔，該檔案通常名稱爲「.CSS」。使用方式就是在 HTML 文件的 <head> ... </head> 之中。我們將用 <link rel=stylesheet type="text/CSS" href="external-stylesheet.CSS"> 的程式碼將這個 .CSS 檔案連接到網頁。這一行語法會將在 external-stylesheet.CSS 這個檔案內所宣告的樣式加入 HTML 文件內。

匯入套用（Import）

外部的 CSS 樣式也可以被匯入進 HTML 文件。匯入的做法為利用 @import 這個指令。

@import 的語法為：

```
<STYLE TYPE="text/CSS">
<!--
  @import url(http://www.mysite.com/style.CSS);
-->
</STYLE>
```

@import 指令最初的用意，是為了能夠針對不同的瀏覽器而運用不同的樣式。不過，現在已經沒有這個必要。現在用 @import 的目的，最常是要加入多個 CSS 樣式。當多個 CSS 樣式被 @import 的方式加入，而不同 CSS 樣式互相有衝突時，之後被加入的 CSS 樣式有優先的順位。上述的方式是讓我們了解 CSS 與網頁結合方式。

⚙ 10-3　建立全新的 CSS 樣式

在 Dreamweaver 提供了三種新增 CSS 樣式的方式，分別為：在頁面定義 CSS、建立新的 CSS 檔、附加現有的 CSS 檔。

10-3-1　在頁面定義 CSS

我們可以透過「新增行內樣式」的方式，在 CSS 設計工具中，提供了「版面」、「文字」、「邊框」、「背景」常用屬性提供樣式設定。先請打開範例檔 10-1.html。

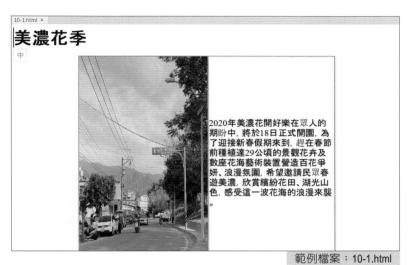

▲ 圖 10-1

```
1   <!doctype html>
2 ▼ <html>
3 ▼ <head>
4   <meta charset="utf-8">
5   <title>CSS 範例</title>
6   </head>
7
8   <body>
9   <h1>英 花季</h1>
10 ▼ <table width="600" border="0" align="center" cellpadding="1"
    cellspacing="1">
11 ▼   <tbody>
12 ▼     <tr>
13         <td><img src="images/10-2 2zs.jpg" width="300" height="514"
        alt=""/></td>
14         <td>2020年美濃花開好樂在眾人的期盼中，將於18日正式開園，為了迎接新春
        假期來到，趕在春節前種植達29公頃的景觀花卉及數座花海藝術裝置營造百花爭
        妍、浪漫氛圍，希望邀請民眾春遊美濃，欣賞繽紛花田、湖光山色，感受這一波
        花海的浪漫來襲。</td>
15       </tr>
16     </tbody>
17   </table>
```

▲ 圖 10-2

　　圖 10-1 是原始網頁，圖 10-2 是程式碼的部份。我們可以看到程式碼中有 body、table、img 等標籤。這些標籤的設定值可在頁面屬性中進行設定，但是，若要在同樣的標籤中做同樣的設定方式，就會變得繁瑣也有可能會漏掉一些設定。因此，我們可以「新增行內樣式」來重新定義 body、table、img 等標籤設定。

操作步驟如下：

01 打開「頁面屬性」，將滑鼠移至「目標規則」選擇「新增行內樣式」。

在目標規則中有：「新增規則」、「套用類別」等選項。在本範例中，我們選擇「新增行內樣式」。

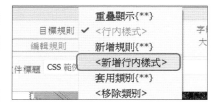

02 選擇「CSS 設計工具」進行 CSS 樣式設定作業。

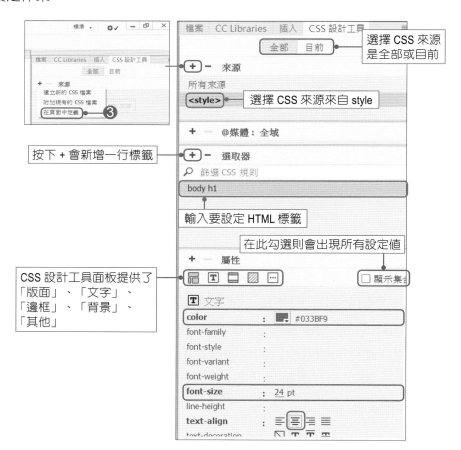

CSS設計工具面板可分成5個樣式設定的頁次，我們把常用版面、文字、邊框、背景等說明，如表 10-2 所示。

❖ 表 10-2　CSS 設計工具面板

設定類別	設定目的
⊞ 版面	設定區塊大小（寬高）、欄位間隔與邊界屬性。
Ｔ 文字	設定文字樣式，例如：字體、大小、顏色等。
⊟ 邊框	設定邊框樣式，例如：粗細、虛線、無邊框等。
▨ 背景	設定背景樣式，例如：底色、底圖、重複方式等。

03 在本範例中，我們設定「body h1」的字形大小為 24 pt、字形顏色為 #033BF9、文字為置中對齊。設定好的結果如下：

04 再將滑鼠移到「選取器」中，再新增「table」規則。

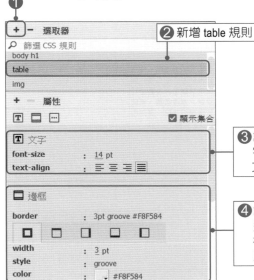

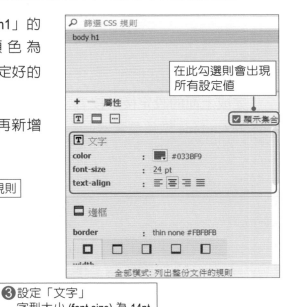

❸ 設定「文字」
　字型大小 (font size) 為 14pt
　文字 (text-align)：左右對齊

❹ 設定「邊框」
　邊框框線寬度 (width)：3pt
　樣式 (style)：groove
　顏色 (color)：#F8F584

05 接著再把圖片的大小調整至適當大小。將滑鼠移到「選取器」中,再新增「Img」規則,來設定圖片。

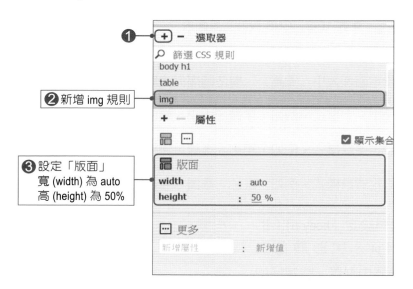

❶

❷新增 img 規則

❸設定「版面」
寬 (width) 為 auto
高 (height) 為 50%

完成上面的設定後,按下【F12】按鍵瀏覽完成結果如下(本範例是以 Google Chrome 做為瀏覽器):

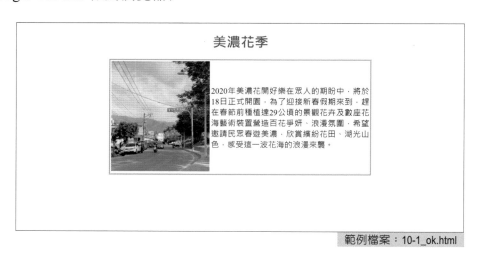

範例檔案:10-1_ok.html

我們切換到「程式」檢視模式，可以看見剛剛所設定的規則。

剛剛所定義
的規則

10-3-2　建立新的 CSS 檔

前一節介紹是如何在網頁中建置 CSS 樣式，若是想要將所設定樣式運用到整個網站上，那麼，我們就需要建立新的 CSS 樣式檔或匯入已存在的 CSS 樣式檔。操作步驟如下：

01 將滑鼠移到「CSS 設計工具」面板。

02 在來源處按一下 「+」，選擇樣式來源。

03 在來源處選擇「建立新的 CSS 檔案」。

❷按一下新增來源

04 輸入 CSS 檔案名稱,並選擇連結該電子檔。

④ 輸入 CSS 檔案名稱

選擇連結表示在網頁中

新增的 CSS 檔案會顯示在此

10-2_ok.html ×

原始碼　10-2.css

英

學號	國文	數學	英文	地理	物理	歷史	化學
A10501	58	33	40	68	50	70	55
A10502	66	68	50	80	57	81	63
A10503	70	73	67	88	60	80	71
A10504	89	80	73	90	70	92	81
A10505	56	63	43	80	83	72	78
A10506	91	85	88	93	80	93	77
A10507	66	71	58	82	76	82	70
A10508	63	65	60	78	80	89	68
A10509	88	90	85	83	78	93	81
A10510	76	53	66	83	79	89	53

範例檔案:10-2.html

05 新增 body table 規則，再依序設定「文字屬性」及「邊框屬性」。

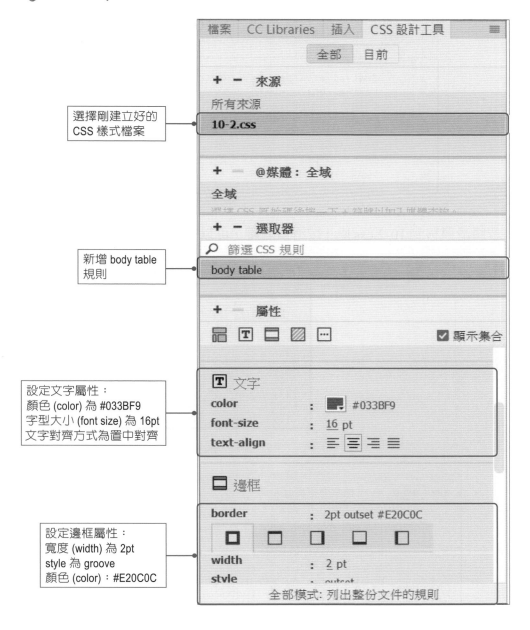

選擇剛建立好的
CSS 樣式檔案

新增 body table
規則

設定文字屬性：
顏色 (color) 為 #033BF9
字型大小 (font size) 為 16pt
文字對齊方式為置中對齊

設定邊框屬性：
寬度 (width) 為 2pt
style 為 groove
顏色 (color)：#E20C0C

我們設定好樣式檔，這些樣式檔會寫入到 10-2.css 中。

```
10-2_ok.html ×
原始碼   10-2.css
   1   @charset "utf-8";
   2 ▼ body table {
   3       font-size: 16pt;
   4       text-align: center;
   5       color: #033BF9;
   6       border: 2pt outset #E20C0C;
   7       background-color: #E9F0CA;
   8       position: absolute;
   9       left: 279px;
  10       top: 1px;
  11   }
  12
```

若將滑鼠移到 10-2.css 處，按滑鼠右鍵，可以獨立的開啟 10-2.css 檔案。

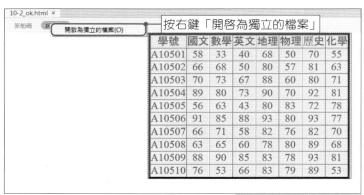

按右鍵「開啟為獨立的檔案」

學號	國文	數學	英文	地理	物理	歷史	化學
A10501	58	33	40	68	50	70	55
A10502	66	68	50	80	57	81	63
A10503	70	73	67	88	60	80	71
A10504	89	80	73	90	70	92	81
A10505	56	63	43	80	83	72	78
A10506	91	85	88	93	80	93	77
A10507	66	71	58	82	76	82	70
A10508	63	65	60	78	80	89	68
A10509	88	90	85	83	78	93	81
A10510	76	53	66	83	79	89	53

範例檔案：10-2_ok.html

```
10-2_ok.html ×
原始碼   10-2.css          檔案開啟於此
   1   @charset "utf-8";
   2 ▼ body table {
   3       font-size: 16pt;
   4       text-align: center;
   5       color: #033BF9;
   6       border: 2pt outset #E20C0C;
   7       background-color: #E9F0CA;
   8       position: absolute;
   9       left: 279px;
  10       top: 1px;
  11   }
  12
```

10-3-3　附加現有 CSS 檔

　　若是我們已經有撰寫好的 CSS 樣式檔想應用在網頁中，有兩種方式可以附加到現有的網頁中。第一種在新增新網頁時，選擇「附加樣式表」，開啟「附加外部樣式表」對話視窗，再挑選 CSS 樣式表之後，便完成附加樣式表作業。

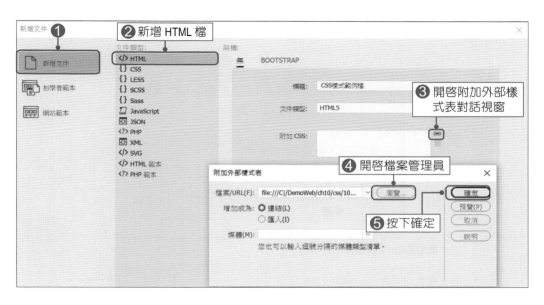

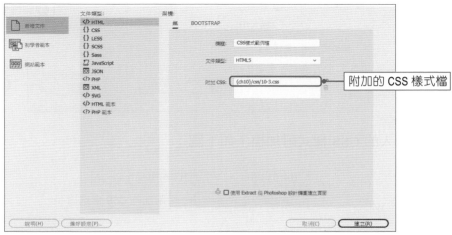

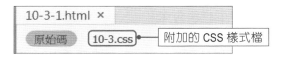

第二種方式是透過 CSS 設計工具。操作步驟：

01 將滑鼠移到「CSS 設計工具」面板。

02 在來源處按一下 「+」，選擇樣式來源。

03 在來源處選擇「附加現有的 CSS 檔案」。把現有的 CSS 樣式檔案，加入網頁中。

剛加入的 CSS 樣式附加檔，如下圖：

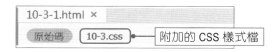

10-4 編修 CSS 樣式內容

　　當我們設定完 CSS 樣式後，需要再修改其中的內容時，我們可以移動滑鼠點選打算修改的地方，開啓屬性面板或 CSS 設計工具面板來進行修改。在本範例中，可將已經設定好的表格規則做一個調整，其操作步驟如下：

01 選取表格。

02 打開頁面屬性面板，選擇目標規則 body table。

03 選擇編輯規則。

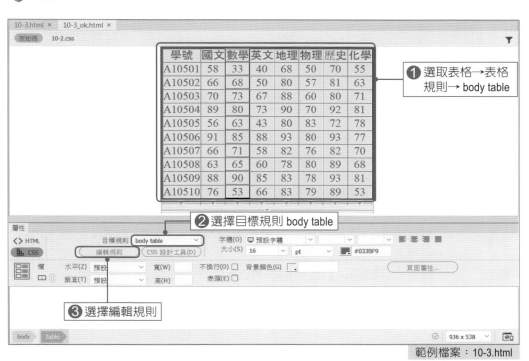

範例檔案：10-3.html

04 編輯規則的對話視窗。在這個對話視窗提供了「字型」、「背景」、「區塊」、「方框」、「邊框」、「清單」、「定位」、「擴充功能」、「轉變」等分類，讓我們設定。

提供這些分類，每個類別都有各自的屬性可以調整

設定完成後按確定離開

❖ 表 10-3 CSS 規則定義說明

類型	說明
字型	設定文字各種樣式，包括：文字大小、字型、顏色、底線效果、行距等。
背景	設定網頁的背景為單色或圖案，以及圖案的拼貼方式。另外，也可以設定段落文字背景顏色。
區塊	設定文字間距、對齊與縮排方式。
方框	設定文字或圖片網頁元素的邊框樣式。
邊框	設定項目符號樣式，或是以圖片來代替項目符號。
清單	設定項目符號的樣式和圖片來代替項目符號。
定位	設定圖片或文字等網頁的精確位置。
擴充功能	設定特殊的視覺效果，例如：陰影、透明、灰階等等變化，或是改變滑鼠遊標的形狀，不過並不是所有瀏覽器都支援此擴充功能。
轉變	若要建立 CSS3 轉變，請指定元素的轉變屬性值，建立轉變類別。若在建立轉變類別之前選取元素，轉變類別會自動套用至所選取的元素。

以本範例而言，我們希望該表格是具有背景顏色。操作步驟：

01 選取「背景」分類。

02 設定「Background-color」背景顏色 #E9F0CA。

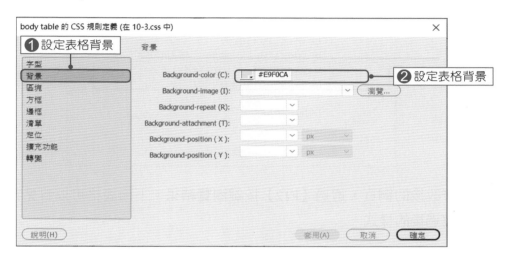

再設定該表格是可以移動，因此，我們設定「定位」為「absolute」。

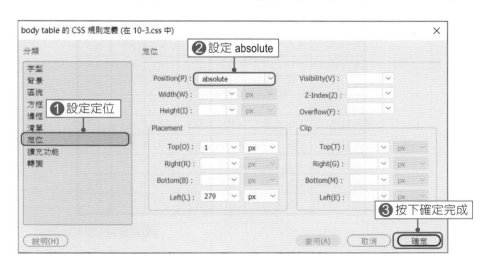

修改樣式之後，連帶的 CSS 樣式檔也會跟著修改。

```
10-3_ok.html* ×    10-3.css ×
1    @charset "utf-8";
2 ▼ body table {
3        font-size: 16pt;
4        text-align: center;
5        color: #033BF9;
6        border: 2pt outset #E20C0C;
7        background-color: #E9F0CA;
8        position: absolute;
9        left: 279px;
10       top: 1px;
11   }
12
```

修改過的樣式規則

修改後的網頁，透過【F12】按鍵瀏覽結果。下面表格可以看見我們剛剛調整過後的樣式。

/TMP3qjdh4.htm

學號	國文	數學	英文	地理	物理	歷史	化學
A10501	58	33	40	68	50	70	55
A10502	66	68	50	80	57	81	63
A10503	70	73	67	88	60	80	71
A10504	89	80	73	90	70	92	81
A10505	56	63	43	80	83	72	78
A10506	91	85	88	93	80	93	77
A10507	66	71	58	82	76	82	70
A10508	63	65	60	78	80	89	68
A10509	88	90	85	83	78	93	81
A10510	76	53	66	83	79	89	53

範例檔案：10-3_ok.html

10-5 建立類別樣式

Dreamweaver 除了提供標籤語法建立樣式之外，同時也提供類別來建立樣式，只要在名稱前，加入逗點，這樣就是表示要設定類別，例如：我們想設定 header 為類別，就在選取器中新增類別，類別名稱可以設定為「.header」。操作步驟如下：

01 將滑鼠移到「CSS 設計工具」。

02 選擇 CSS 樣式檔。

03 按下選取器 + 按鈕。

04 輸入指定名稱：.header
（請注意要在「header」前加一個點，這個選取器就會建立成類別樣式。

05 依據需求自行設定樣式。

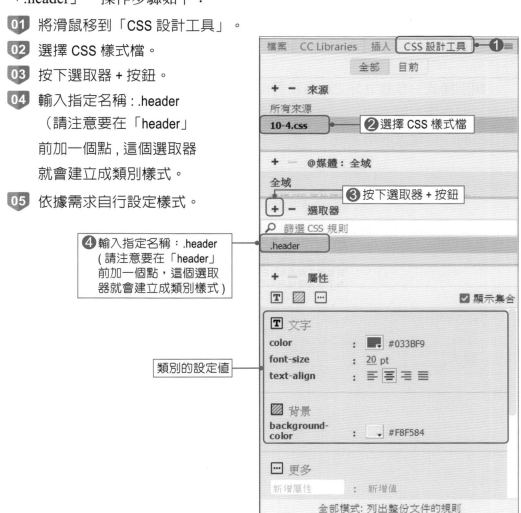

④ 輸入指定名稱：.header
（請注意要在「header」前加一個點，這個選取器就會建立成類別樣式）

建立好的類別樣式程式碼如下圖：

```
10-4_ok.html ×
原始碼   10-4.css
1▼ .header {
2      color: #033BF9;
3      font-size: 20pt;
4      background-color: #F8F584;
5      text-align: center;
6  }
7
中
```

類別的 CSS 樣式程式碼

類別樣式一旦建立好之後，我們會有個疑問，如何「套用類別樣式」呢？我們只要先選取要套用的文字，在「頁面屬性」面板中，選擇「目標規則」為 .header，這樣就套用完成。

範例檔案：10-4_ok.html

10-6 設定「line-height」屬性調整文字

在未調整行距前，在表格中的文字部份，行與行之間看起來比較緊密，對於閱覽者而言，並不是那麼好看，我們爲了讓它看起更好看，因此，調整行與行之間的距離爲 1.5。

未調整前

範例檔案：10-5.html

因此，我們再新增一個樣式「tbody tr td」，更改字形大小（font size）爲 14pt，更改行距爲 1.5 。就是利用 line-height 屬性來調整。操作步驟如下：

01 新增選取器「table tr td」。

02 將滑鼠移到「font size」處設定字形大小爲 14 pt。

03 再設定「line-height」處設定爲 1.5 em。

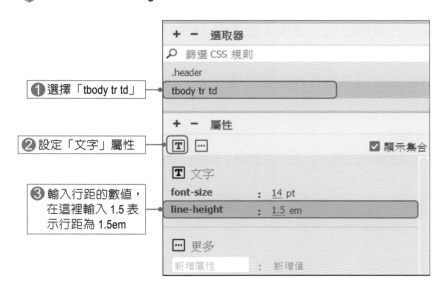

❶ 選擇「tbody tr td」

❷ 設定「文字」屬性

❸ 輸入行距的數值，在這裡輸入 1.5 表示行距爲 1.5em

設定完成的結果：

老鷹和自然研究中心

菲律賓老鷹和自然研究中心是一處天然公園，現在
有32只老鷹棲息在這裡，最大的高達3.5英尺。公園
種植有很多果樹，也是眾多其他動物的家園。菲律
賓鷹以前只能在菲律賓東部才能看到，它們會以猴
子為食，現在為了避免這種鳥類的滅絕，將其保護
起來。

設定行距 1.5em
的結果

範例檔案：10-5_ok.html

🔧 10-7　利用CSS轉換功能讓圖片隨滑鼠轉變

「CSS 轉換」功能提供一些特效讓滑鼠經過網頁中的圖片時，具有特殊效果，例如：變色、放大、變透明等特效。然而，這些效果不需要寫程式，利用 Dreamweaver 的 CSS 轉換功能便可做到。因為 CSS 轉換面板只是用來協助我們把 CSS 語法寫入樣式裡，因此，在 CSS 設計工具面板中要先建立一個「.transition」的類別樣式，這樣才能透過「CSS 轉換」寫入 CSS 樣式檔中。

例如：我們希望滑鼠移到有超連結的圖片上，該圖片會漸漸變成半透明，操作步驟如下：

01 請開啟「10-6.html」。

02 將滑鼠移到「CSS 設計工具」，在「選取器」新增一個類別樣式「.transition」。

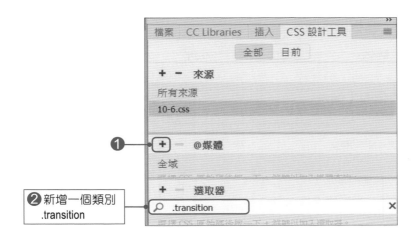

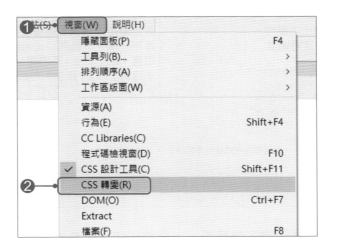

03　將滑鼠移到「視窗→ CSS 轉變」，開啟「CSS 轉變」面板。

04　新增一個新的轉變。

05 開啟「CSS 轉變」面板指定效果。

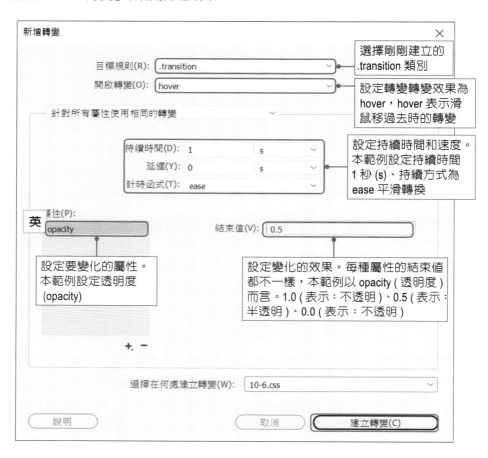

06 建立轉變，則會出現下面畫面。（完成結果，請參考 10-6_ok.html）

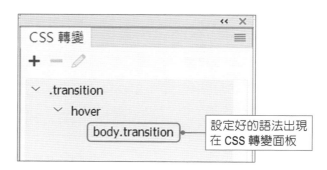

　　建立好的轉變效果，預設會套用在「body」標籤中，body 標籤的設定是會影響到整個網頁，因此，在此做一些小設定，以免所做的設定除了影響原先的元素之外，也會影響到其他的元素。操作步驟如下：

01 將滑鼠移到「視窗→ CSS 轉變」，開啟「CSS 轉變」面板。

02 移到「body.transition」，按 ▬ 。

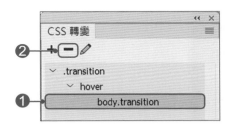

03 選擇「從元素中移除類別」。

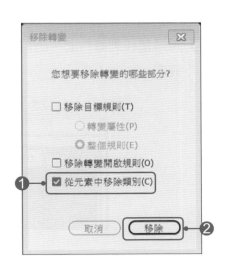

04 設定完成後，如下。

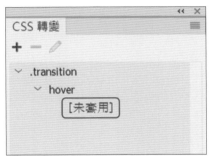

我們已經移除「body.transition」屬性，若是日後需要套用，操作步驟如下：

01 開啓「10-6.html」。

02 切換成「即時」檢視模式。

按下 + 按鍵

範例檔案：10-6.html

03 將滑鼠移到圖片上，出現標籤 Img，按下 ⊞ ，新增類別 .transition，便設定完成。

設定 .transition 類別

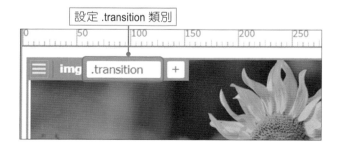

本章習題

一、選擇題

( ) 1. 請問外部樣式檔的副檔名為 (A)html (B)xlsx (C)css (D)docx。

( ) 2. 有關 CSS 說明何者有誤？

(A) CSS（Cascading Style Sheets）由 W3C 所提出，是一種樣式表（Stylesheet）語言

(B) CSS 程式碼以 <style> 和 </style> 標籤呈現

(C) CSS 語法內嵌於 <head> 和 <head> 之間

(D) CSS 樣式檔是 Dreamweaver 內建的檔案。

( ) 3. CSS 規則定義中，若是想定義邊框樣式，可以到下列那一個類別去定義它？ (A) 字形 (B) 邊框 (C) 背景 (D) 區塊。

( ) 4. 若是我們打算新增一個類別檔，請問如何命名類別檔的名稱？

(A) ,kindcss (B) .kindcss (C) #kindcss (D) :kindcss。

( ) 5. 有關 CSS 說明何者是正確？

(A) CSS 樣式一旦完成後是無法再修改

(B) 每一個樣式檔只能儲存一種樣式

(C) 加入樣式表，樣式表檔會自動儲存

(D) 樣式檔的副檔名為 *.CSS。

( ) 6. 建立樣式表有好幾方式，下列何者不是？

(A) 可在頁面定義 CSS

(B) 建立新的 CSS 檔

(C) 附加現有的 CSS 檔

(D) 開啟 word 直接建立 css 檔案。

( ) 7. 若是我們想要呈現一些特效讓滑鼠經過網頁中的圖片時會有透明效果，可使用何種功能達到？ (A) 轉換 (B) 擴充功能 (C) 建立 CSS 檔 (D) 建立 html 檔。

二、實作題

1. 請依下面說明分別建立 CSS 樣式。（請打開 10-7.html）

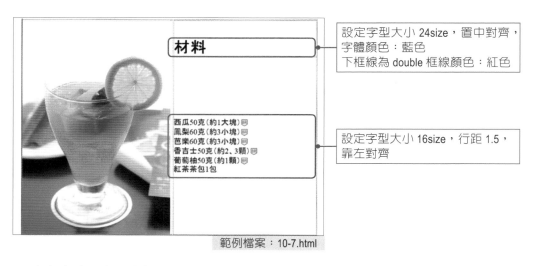

設定字型大小 24size，置中對齊，字體顏色：藍色
下框線為 double 框線顏色：紅色

設定字型大小 16size，行距 1.5，靠左對齊

範例檔案：10-7.html

建立完成，如下圖。（參考 10-7_ok.html）

11

≫版面物件設定利用

課堂導讀

　　我們在第一章介紹常見的版面配置，本章則可以利用 Div 區塊快速建置版面配置。在 Div 區塊可以放置各式各樣的元件，這些網頁元件可以是 HTML 的文字、圖片、表格、影片等，也可以是表單類別相關元件或 Bootstrap 類別相關元件等。當把 Div 區塊建置完畢之後，我們可以透過 CSS 建立規則及美化 Div 區塊。

學習重點提要

- 學習如何透過 Div 區塊規劃網頁。
- 學習如何利用 CSS 設計工具中 float 屬性及 Clear 屬性建置左欄、右欄的建置。
- 學習如何在 Div 區塊中放置各式元件。
- 學習如何利用 CSS 設計工具面版來美化 Div 區塊。

11-1 利用 Div 規劃網頁

　　我們在第一章介紹過常見的網頁版面配置，我們可以利用 Div 來規畫出預設的網頁配置。Div 在 HTML 中是重要的元件。Div（Division element）又可以稱為區塊元件，透過 DIV 標籤可以在網頁中創造各個不同的區塊來進行排版。例如：水平 2 欄式的版面配置。我們可以利用 「插入 → HTML → Div」來完成它。

　　操作步驟如下：

01 建立一個新的網頁。

02 切換至「設計模式」，先進行「頁首」設定。

03 將滑鼠移到「插入→ HTML → Div」。

04 出現「插入 Div」對話框。

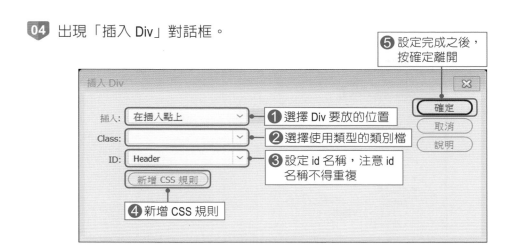

❺ 設定完成之後，按確定離開

插入 Div

插入：　在插入點上　❶選擇 Div 要放的位置

Class：　　❷選擇使用類型的類別檔

ID：　Header　❸設定 id 名稱，注意 id 名稱不得重複

新增 CSS 規則

❹新增 CSS 規則

「插入 Div」對話視窗中的插入。

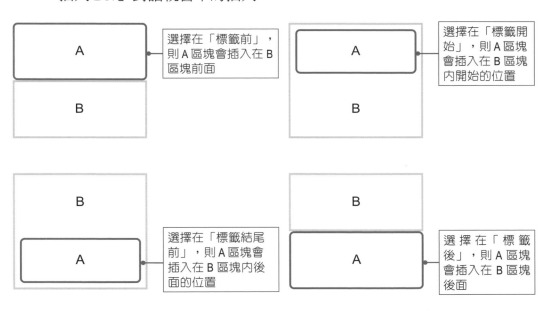

A

選擇在「標籤前」，則 A 區塊會插入在 B 區塊前面

B

A

選擇在「標籤開始」，則 A 區塊會插入在 B 區塊內開始的位置

B

B

A

選擇在「標籤結尾前」，則 A 區塊會插入在 B 區塊內後面的位置

B

A

選擇在「標籤後」，則 A 區塊會插入在 B 區塊後面

05 建立好的 Div 如下：

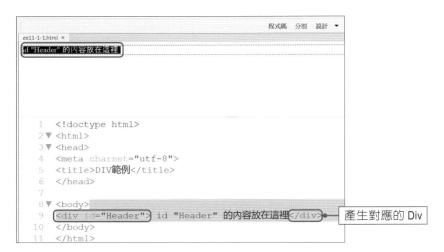

小叮嚀

    <div> 元素本身並無特殊意義，也不帶特殊的樣式效果，其用途是把網頁中的內容畫分成不同區塊。<div> 最常作為容器來包裹其他的 HTML 元素，然後搭配 CSS 樣式表為每個區塊提供所需的樣式效果。

06 緊接著進行「內容」區塊的 Div 建立。我們重複步驟 3。出現「插入 Div」對話框，如下圖。

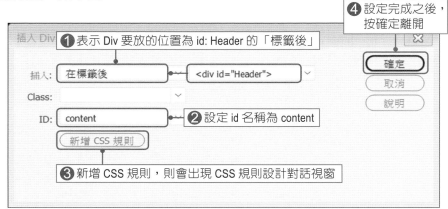

07 建立好的 Div 如下：

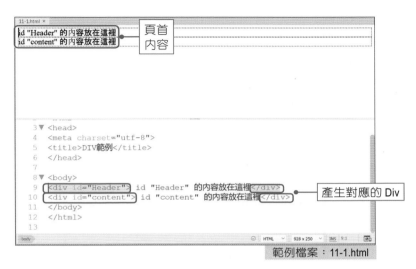

範例檔案：11-1.html

完成水平 2 欄式的版面配置之後，我們再繼續完成水平 3 欄式的版面配置。

重複上述步驟 1~7。只要在 content 的標籤後面再新增一個 Div 即可。如下圖：

我們設定好，可以看見「id: footer 放置在 content 的標籤」後。

11-2.html ×
id "header" 的內容放在這裡
id "content" 的內容放在這裡
id "footer" 的內容放在這裡

範例檔案：11-2.html

在 DOM 面板可以清楚看到三層架構。頁首 header、內容 content、頁尾 footer。（請見 ex11-1-3.html）

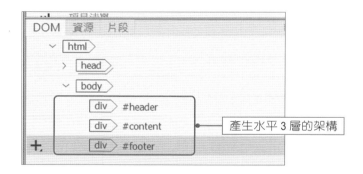

先前所示範是水平 2 欄式及水平 3 欄式的版面配置。如果，我們打算在內容部份劃分成左欄、右欄，如下圖所示。

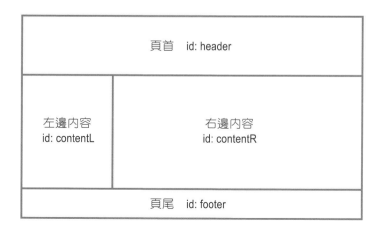

我們可以延續水平 3 欄式架構的作法，再把 id: content 部份包覆著 2 部份（左欄、右欄），類似巢狀架構。當 id:content 移動時，左欄、右欄也會跟隨著移動。因此，只要針對 id:content 進行調整即可。我們就該部份來做說明。操作步驟如下：

01 因為左邊內容 (id:contentL) 是放置在 id:content 裡，因此，我們可以設定為「在標籤開始後」，表示 id:contentL 在 id:content 的標籤開始後的意思。

範例檔案：11-3.html

02 右邊內容 (id:contentR) 是放置在 id:contentL 的標籤的後面,因此,我們可以設定為在 contentL 的「標籤後」,表示 id:contentR 在 id:contentL 的標籤後的意思。

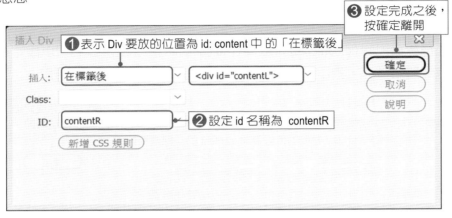

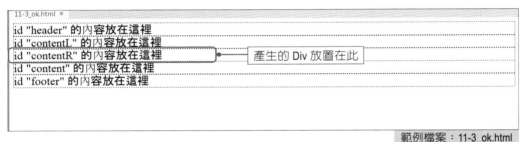

範例檔案:11-3_ok.html

我們切換至 DOM 面板查看,可以看到剛剛的設定,在 id:content 內部配置兩部份:左欄(contentL)、右欄(contentR)。

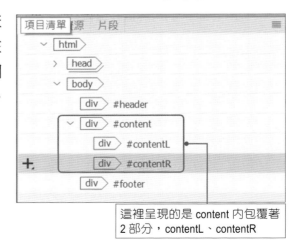

在 Dreamweaver 中想要完成左右兩欄的網頁版面，只是設定寬度、高度是沒有作用，主要是因為 Div 區塊的特性，它只會往下建立，並不會呈現左右並排的方式呈現。因此，我們需要利用 CSS 設計面板中的「float」（浮動）屬性來進行設定。操作步驟如下：

01 打開範例檔「ex11-1-5.html」。

02 為了讓「id:contentL」區塊放置在「id:contentR」的左邊，我們利用「CSS 設計工具」的版面頁次去設定「float」（浮動）屬性。為了設定「float」（浮動）屬性，必須同時設定寬度，才可以看的出效果。因此，我們先將滑鼠移至「CSS 設計工具」，選擇「建立新的 CSS 檔案」，檔名命名為 11-1.css。

03 將滑鼠移到「id:contentL」，新增至選取器「#content #contentL」。點選「版面」中的寬度（width）設定為 300px。

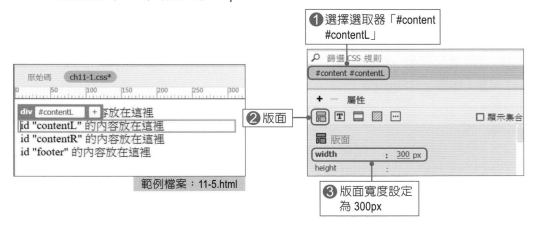

04 將滑鼠移到下方「float」屬性設定為「left」。

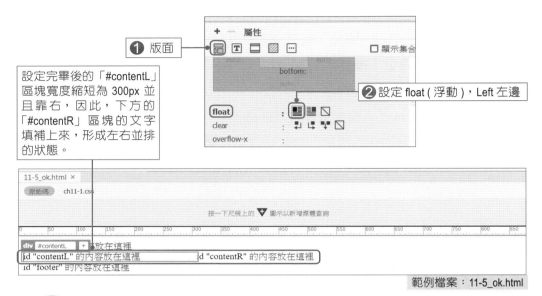

設定完畢後的「#contentL」區塊寬度縮短為 300px 並且靠右，因此，下方的「#contentR」區塊的文字填補上來，形成左右並排的狀態。

範例檔案：11-5_ok.html

若是「#contentR」區塊中的文字，超出「#contentR」區塊的高度，即使做了「float」屬性設定還是有可能會位於下方。因此，我們仍希望「#contentR」區塊中的所有內容能夠與左邊保持一定的距離，那麼就必須再設定 margin 屬性。

05 請將滑鼠移到「CSS 設計工具」，新增至選取器「#content #contentR」。點選「版面」中 margin。

範例檔案：11-6.html

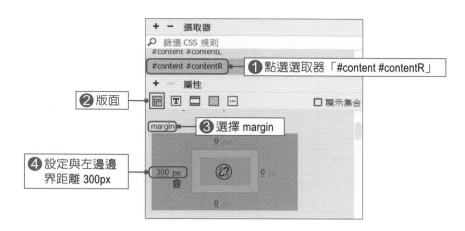

① 點選選取器「#content #contentR」

② 版面

③ 選擇 margin

④ 設定與左邊邊界距離 300px

完成設定後,我們按下【F12】按鍵瀏覽完成結果如下:

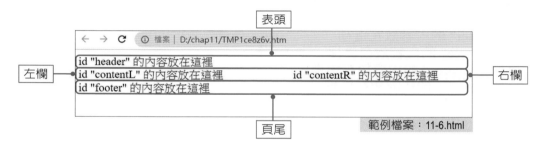

表頭

左欄

id "header" 的內容放在這裡
id "contentL" 的內容放在這裡   id "contentR" 的內容放在這裡
id "footer" 的內容放在這裡

右欄

頁尾

範例檔案:11-6.html

完成上述架構後,接著就在每個框架裡放置網頁元件,後面章節陸續介紹。

⚙ 11-2 在 Div 中安排網頁元件

當我們完成網頁版面配置後,接下來,我們可以在各別的版面配置放置網頁元件,這些網頁元件可以是 HTML 的文字、圖片、表格、影片等,也可以是表單類別相關元件或 Bootstrap 類別相關元件等。下圖是我們預定完成的架構。

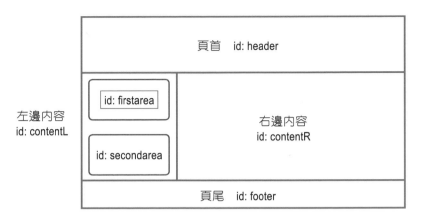

開啟範例檔 11-7.html。

contentL

11-7.html ×

id "header" 的內容放在這裡
id "firstarea" 的內容放在這裡
id "secondarea" 的內容放在這裡
id "contentR" 的內容放在這裡
id "footer" 的內容放在這裡

範例檔案：11-7.html

　　參考 11-1 節的 float 屬性設定左右欄（如圖）。float 屬性所設定的左右欄內容高度是可以彈性調整。有可能出現一種現象，可能是左欄比右欄多、右欄比左欄多。「id:footer」因為「id:contentL」設定 float 屬性之故，影響到它原先的配置。「版面」中有個「clear」屬性，「clear」屬性可以清除不需要浮動的區塊，讓它回復原來的配置。

id "header" 的內容放在這裡
id "firstarea" 的內容放在這裡　　　　　　id "contentR" 的內容放在這裡
id "seconarea" 的內容放在這裡　　　　　　id "footer" 的內容放在這裡

body +

操作步驟如下：

01 將滑鼠移到「id:footer」，新增至選取器「#footer」。點選「版面」中「clear」
屬性。

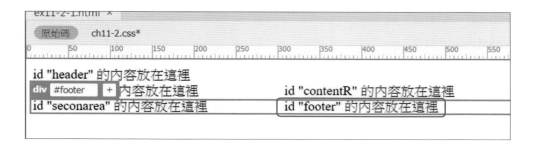

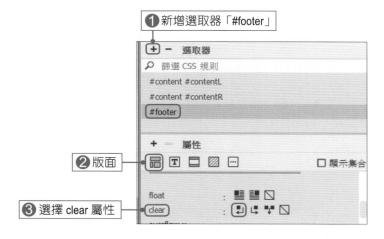

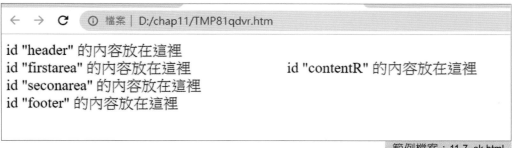

範例檔案：11-7_ok.html

Div 區塊依序放置對應的元件，說明如下：

Div 區塊	圖片	文字
Header	11-2-1.jpg	
Firstarea	11-2-2.jpg	
Secondarea	11-2-3.jpg	
contentR		關於我們 柿餅咖啡屋 是為了紀念母親愛吃的點心而命名 這裡的檸檬咖啡是我們的招牌咖啡 只要喝上一次便愛上
Footer		Copyright (c) 2020 Chuan Hwa Book Co., LTD

02 將滑鼠移至「id "header" 的內容放在這裡」，並刪除該文字。

03 將滑鼠移至「HTML →插入→ Image」插入 11-2-1.jpg。

❶ 將滑鼠移至「插入」

❷ 選擇「HTML」類別

❸ 選擇「Image」元件

❹ 選擇「11-2-1.jpg」

❺ 按確定表示選定的意思

04 設定好的結果如下：

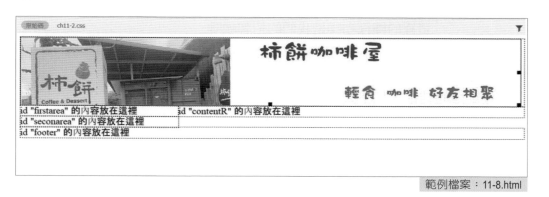

範例檔案：11-8.html

05 接著，我們重複步驟
1、2完成「id:firstarea」、
「id:secondarea」。 完
成結果如右圖：

id: firstarea 插入 11-2-2.jpg

id: secondarea 插入 11-2-3.jpg

　　我們再來設定「id:contentR」的內容。將滑鼠移至「id " contentR " 的
內容放在這裡」，並刪除該文字。新增標題文字：關於我們。開啓 ex11-2-
1.txt 文字內容，把以下內容貼至「id:contentR」區塊中。

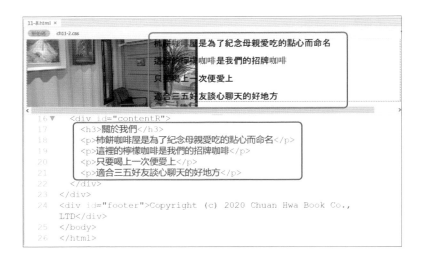

　　設定好的結果，如下圖：

最後，「id:footer」部份的設定。我們先刪除「id "footer" 的內容放在這裡」，再把「Copyright (c) 2020 Chuan Hwa Book Co., LTD」文字複製。

```
21          <p>適合三五好友談心聊大的好地万</p>
22      </div>
23    </div>
24    <div id="footer">Copyright (c) 2020 Chuan Hwa Book Co., LTD</div>
25    </body>
26    </html>
```

設定好的結果可以參考 11-8.html。

範例檔案：11-8.html

11-3 利用CSS設計工具面版來美化Div區塊

在 11-2 節中，利用 Div 區塊方式建構了網頁版面配置，同時也在各個 Div 區塊放置各式元件。因為尚未美化所設定的元件，因此，整個網頁配置看起來不如預期。Div 區塊提供一些相關 CSS 設計的項目（如圖）。

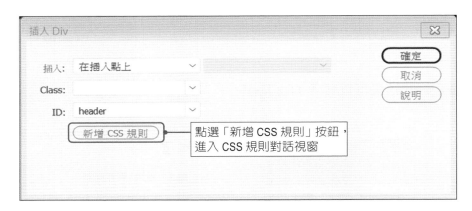

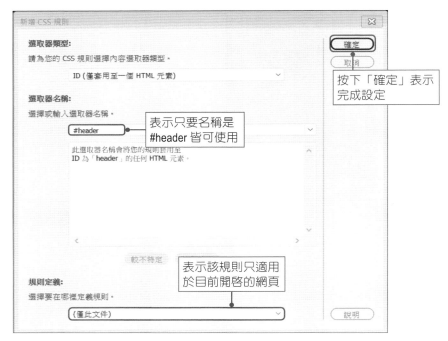

在這個對話視窗提供了「字型」、「背景」、「區塊」、「方框」、「邊框」、「清單」、「定位」、「擴充功能」、「轉變」等分類。（各個類別的說明，詳見 10-4 節）

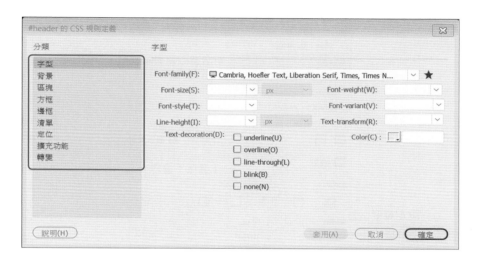

在定義 Div 區塊時，可以直接定義每個 Div 區塊的 CSS 設計或者事後再來定義皆可。在本章節中，我們開啟 11-8.html，它是尚未進行美化前的網頁，我們打算從頁首開始進行美化，把美化完成的部份存放置 CSS 中。

未經過美化的網頁　　　　　　　　　　　　　　美化後的網頁

操作步驟如下：

01 新增選取器「id:header」，設定「邊框」→「下邊框」的寬度為 2pt、style（樣式）為 dotted（虛線）、color（顏色）：#033BF9。

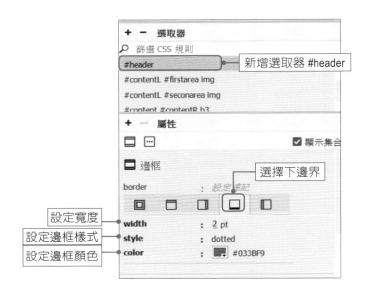

設定好的結果如下：

02 新增選取器「id:header img」，設定頁首的圖片大小：寬：900px、高：130px。

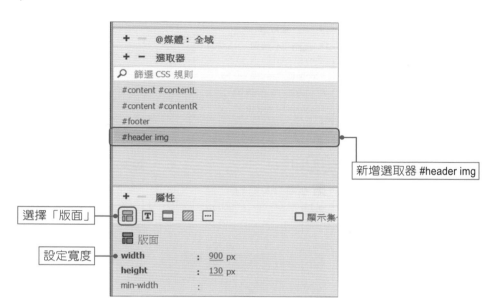

03 新增選取器「id:#contentL #firstarea img」，設定圖片大小：寬：250px、高：200px。margin（邊界）：10px。

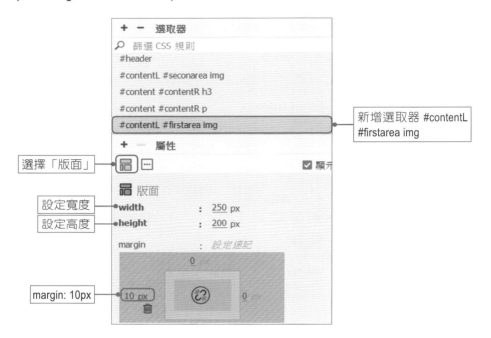

設定好的結果如下：

margin 設定方式如下：

(1) 若是左邊表示：正數值表示向右移、負數值表示向左移。

(2) 若是上邊表示：正數值表示向下移、負數值表示向上移。

04 新增選取器「id:#contentL #seconarea img」，設定圖片大小：寬：250px、高：200px。margin（邊界）：10px。

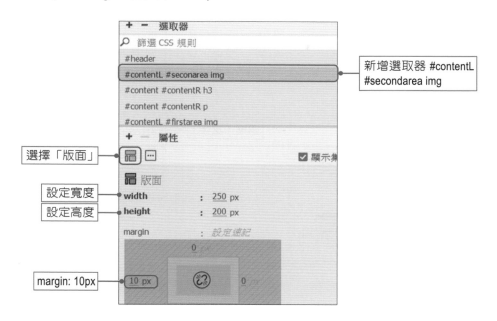

設定好的結果如下：

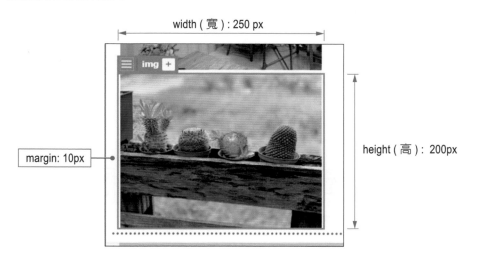

05 新增選取器「id:#content #contentR h3」，
設定文字大小：20pt、color（顏色）：
033BF9、靠左對齊。

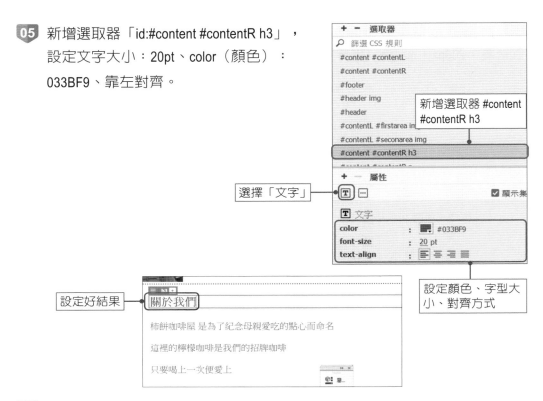

06 新增選取器「id:#content #contentR p」，設定文字大小：16pt、color（顏色）:E20C0C、行距 1.5em。

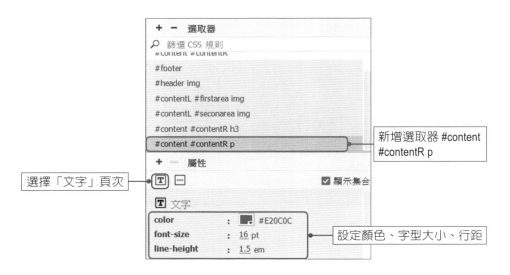

關於我們

柿餅咖啡屋 是為了紀念母親愛吃的點心而命名

這裡的檸檬咖啡是我們的招牌咖啡

只要喝上一次便愛上

設定好結果 →

07 新增選取器「id:footer」，設定「邊框」→「下邊框」的寬度為 2pt、style（樣式）為 dotted（虛線）、color（顏色）：＃ 0338F9。

選取器

篩選 CSS 規則

#footer
#header img
#contentL #firstarea img

屬性

☑ 顯示

邊框

border : 設定速記

width : 2 pt
style : dotted
color : #033BF9

Copyright (c) 2020 Chuan Hwa Book Co., LTD

設定完成後，按下【F12】瀏覽結果，如下圖：

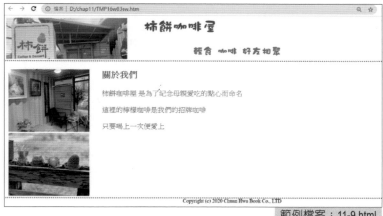

範例檔案：11-9.html

11-25

本章習題

一、是非題

(   ) 1. 若是希望將 footer 標籤放置在 content 後面，因此，在 Div 對話視窗，選擇在 id: content「標籤前」。

(   ) 2. Div（Division element）又可以稱為區塊元件，透過 DIV 標籤可以在網頁中創造各個不同的區塊來進行排版。

(   ) 3. 在 CSS 設計工具中「版面」中的 float 屬性，可將左右欄分開。

(   ) 4. 若是希望「id:footer」可以獨立放置在 content 下一行，我們可以使用 clear 屬性來設定。

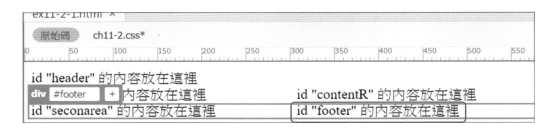

二、實作題

1. 請利用 Div 區塊，完成下面的版面規劃。

頁首　id: header	
左邊 id: contentL	右上　id: contentRu
	右上　id: contentRd
頁尾　id: footer	

11-26

在 Dreamweaver 設定好的結果。

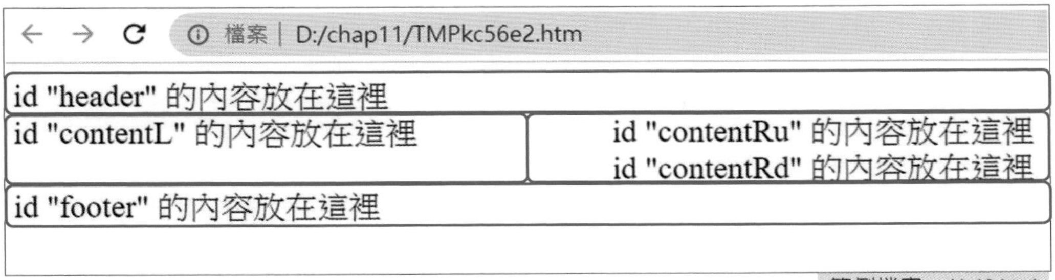

← → C ① 檔案 | D:/chap11/TMPkc56e2.htm

id "header" 的內容放在這裡

id "contentL" 的內容放在這裡 | id "contentRu" 的內容放在這裡
id "contentRd" 的內容放在這裡

id "footer" 的內容放在這裡

範例檔案：11-10.html

Note

12

≫網站資源的使用及範本應用

課堂導讀

　　在設計網頁時經常會使用到一些圖片、影像、聲音或者常用的版本等,可能會重複地出現在各個網頁中,我們把經常使用到的元件放置在「資源」面板。Dreamweaver 提供七種資源(影像、顏色、URLs、媒體、Script、範本、圖庫等)可供使用。本章節依序介紹:影像、圖庫、製作範本檔以及如何快速應用範本檔在網站中。

學習重點提要

- 認識「資源」面板。
- 認識「最愛」資源。
- 如何將 圖片加入圖庫及圖庫的維護。
- 範本應用及套用。

12-1 使用「資源」面板

　　我們在設計網頁時，經常會使用到一些圖片、影像、聲音或者常用的版本等，可能會重複地出現在各個網頁中，這樣所撰寫出來的網站才會具有相同的風格，而不會讓人看起來好像各自為政。因此，Dreamweaver 提供的「資源」面板便顯得重要，「資源」面板也可以視為網站設計元素的管理中心。

12-1-1 資源面板介紹

　　「資源」面板開啟的位置可以從兩個地方來開啟：

1. 在「視窗」功能表中勾選「資源」指令，便可開啟「資源」面板。

2. 在 Dreamweaver 視窗右側，有個「資源」的功能，點選它即可開啓「資源」面板。

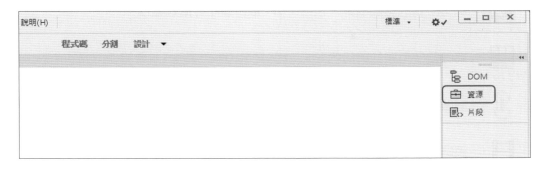

　　它提供了七種類型資源，這些資源是目前網站中已經被加入的元素或超連結，透過「資源」面板來進行管理，方便使用者可以重複使用這些資源。

「資源」面板提供了七種類型資源：影像、色彩、URLs、媒體、Script、範本、圖庫。

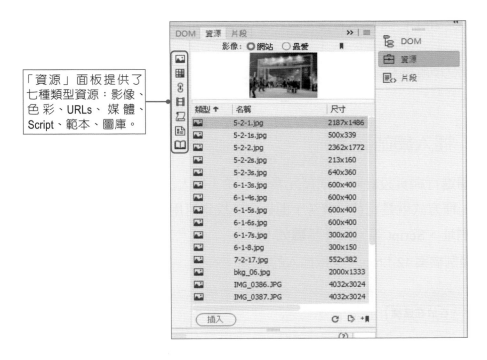

「資源」面板提供七種資源說明如下：

 網站所有的影像檔案，包括：gif、jpg、png 等搭式圖檔。

 網站曾使用過的網頁色彩，包括：文字、連結顏色、背景等使用過的色彩。

 網站中所有連結過的 URL 位址或電子郵件。

 網站中所有的影片檔案

 網站中所有的 Jscript 檔案。

 網站中所建立的範本檔案。

 網站中所有的圖庫元素。

12-1-2　插入網站資源

在準備進行網頁設計時，網頁元素除了從「插入」功能區去插入元素之外，另外一種方式就是可從「資源」面板中，找到可用的資源，包括：圖檔、影音檔、網址、Script 等。操作步驟如下：

01 開啓範例檔案 12-1.html，選取插入的地方

12-1.html* ×

id "header" 的內**容放在這裡**

02 開啟「資源」控制面板。

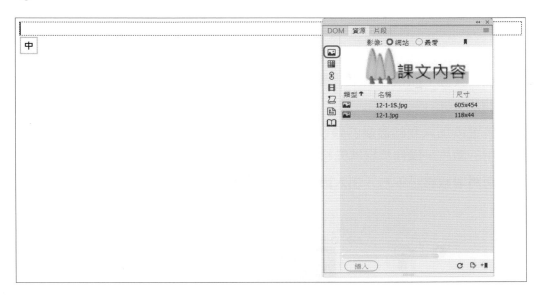

03 將滑鼠移至「插入」即可將元素插入至網頁中。

範例檔案：12-1_ok.html

12-2 「最愛」資源

我們在編輯網頁時，有些元素可能是較常使用到的元素，為了方便使用，在「資源」面板中有個「最愛」選項，使用者可將其加入「最愛」選項。操作步驟如下：

01 先選欲加入我的最愛的類別，再選取類別中的項目，例如：加入影像中常用的圖片，操作步驟就先移到「影像」類別中，再選取加入圖片的檔案。

02 再將滑鼠移至下方「加入最愛」。

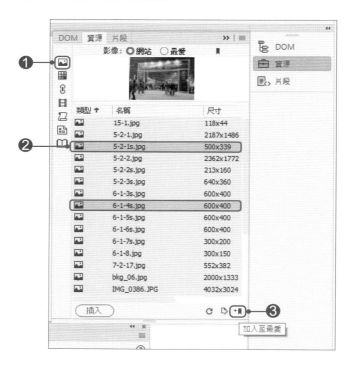

03 「加入最愛」之後再切換至「最愛」便可看見剛剛加入的圖片檔。

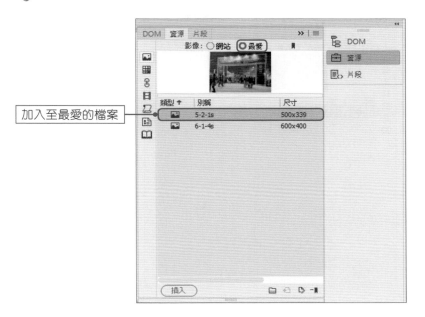

加入至最愛的檔案

加入至「最愛」之後，若是想要移除「最愛」資源中，操作步驟如下：

01 先選取欲移除的檔案，再移動滑鼠至 🔖 便可將選取的檔案移除。

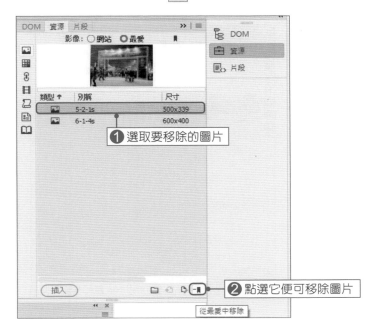

❶ 選取要移除的圖片

❷ 點選它便可移除圖片

從最愛中移除

02 移除後的結果。

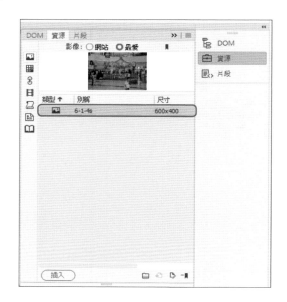

當「最愛」資源的內容過多時,想要找到適合的圖檔或其他資源時較不易,此時可以建立資料夾做分類。然後再把相關的檔案,拖曳至該目錄,便完成分類動作。若要移除該目錄,請將滑鼠移到 ▌- 即可。

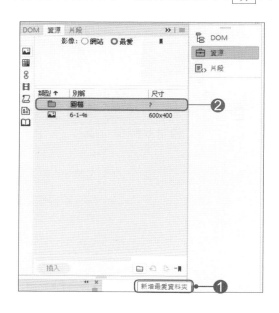

12-3　圖庫應用

　　我們設計好的網頁內容，希望在其他地方可以重複使用，甚至進行修改，可以在「資源」面板新增圖庫。操作方式如下：

01 先選取設計好的網頁。

02 切換至「資源」面板的「圖庫」類別，再移到 新增圖庫。

範例檔案：12-2.html

03 命名圖庫名稱，完成命名後，Dreamweaver 會在網站自動建立一個名為「library」的資料夾來存放它，每個圖庫資源會以「lbi 副檔名」來存取。

我們建立好新的圖庫後，若是想要使用設定好的圖庫資料，只要切換至圖庫資源，選定插入網頁的位置，直拉點選「插入」便完成該項作業。

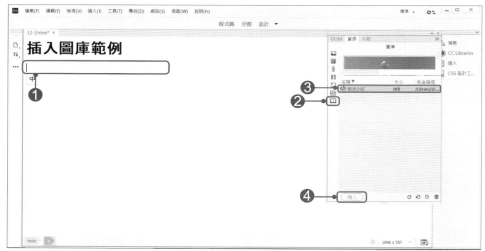

範例檔案：12-3.html

完成後的畫面：

範例檔案：12-3_ok.html

當圖庫插入到網頁後，圖庫內容是不允許再次編輯，因此，我們點選它時，它會呈現灰色選取模式。

若是需要編修圖庫，可由「屬性」面開啟，便可編修原始檔。

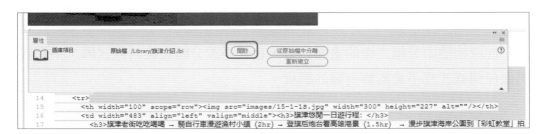

一旦原始碼進行修改，修改完成，系統提示你需要按「重新整理」或「F5」鍵，重新整理。

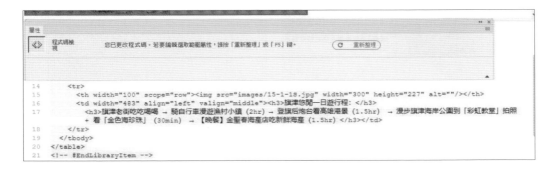

在進行原始碼修改時，需要注意一件事，就是有加入同樣圖庫的網頁也會一併更新。如果，不想與原始檔有連結關係，可以在屬性面板中，直接按下「從原始檔中分離」按鈕，如此一來，便可取消與原始檔的連結。

從原始檔中分離之後的畫面如下，也就是說分離之後的程式碼，不管我們做任何修改都不會影響有關的網頁。

12-4　範本應用

使用者若想把網站的風格有一致性的效果，因此，在每個網頁有可能會重複使用同樣元件、同樣色調。Dreamweaver 提供了「範本」的功能來處理版面便可節省許多重複編排頁面時間，並簡化網頁製作的複雜性。

12-4-1　製作範本檔

當我們把網頁儲存成範本後，便可自行設定可編修區域，一旦，有其他網頁套用此範本時，針對可修改區域加以更換就行了。若是未來有需要針對範本做修正，此時，有使用到本範本的網頁，也會連帶更新，不必再一個個網頁進行修改。

範本建立的步驟如下：

01 先把網頁的版面設計好。

02 建立範本。範本建立方式有兩種方式，一種是利用「另存範本」指令存成範本檔，或者是從「插入→範本物件→製作範本」指令，就可完成範本的建立。

範例檔案：12-4.html

系統便會詢問我們「範本」的檔名，再按下「儲存」即可。

儲存後的範本檔，範本會自動存放至「Templates」資料夾中，使用者需注意的一件事情，就是不要隨便移動或刪除範本檔的位置，否則會發生連結錯誤的情形。

請開啟 12-4.html，這個網頁是已經做好的版型，準備要讓其他網頁套用的頁面，我們把它製作成範本。操作步驟如下：

01 打開「12-4.html」檔案。

02 將滑鼠移至「插入→範本物件→製作範本」，另存新檔為「12-4_ok.html」。

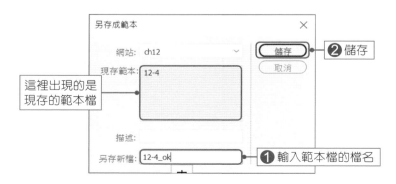

當我們建立好範本檔，再到「資源」面板中可以看見剛剛建立好的範本檔。

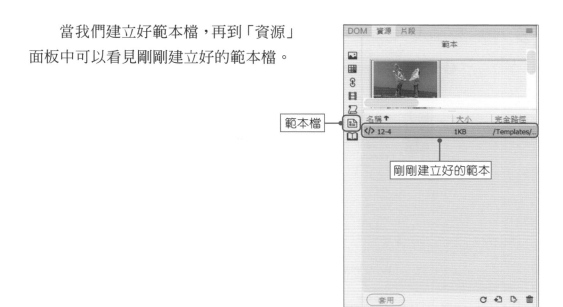

範本檔

剛剛建立好的範本

12-4-2　設定可編輯區域

範本建立後，接下來就是要在範本中設定可編輯區域，這樣當網頁套用此範本時，只要針對可編輯區域進行編修，其他未設定範圍，就不會被更動到，而且若未設定可編輯區域，網頁套用範本後將呈現鎖住的狀態，無法讓使用者做編修。

在一個範本中是允許多個可編輯區域，如果需要增加，一樣是利用「插入→範本物件→可編輯區域」的指令來設定。操作步驟如下：

01 先開啟範本檔，將滑鼠移到表頭的尾端。

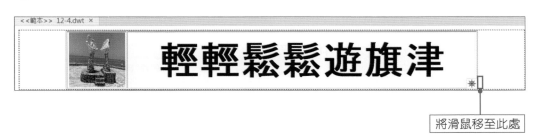

將滑鼠移至此處

02 再執行「插入→範本→可編輯區域」指令。

03 新增一個可編輯區域名稱。我們新增一個可編輯區域名稱為「行程說明區」。

設定完畢後，在範本檔中便會新增一個「行程說明區」剛剛設定的區域就會被綠色框線包圍起來，並且在上方出現一個小標籤顯示該區域名稱。

若是不小心設錯了可編輯區域，想要重新處理，可以在該區域左上角的綠色標籤上按右鍵執行「範本→移除範本標記」命令，便可移除，再重新設定。

12-4-3　套用範本快速步產生新網頁

至於，我們已經建立好的範本檔，可以透過「範本資源區」，以「套用」來快速的產生。操作步驟如下：

01 先新增一個新的網頁，選擇「網站範本」。

02 選擇網站的位置「測試網站」。

03 選擇範例檔案「12-4_ok」。

04 按建立之後便快速建立一個網頁。

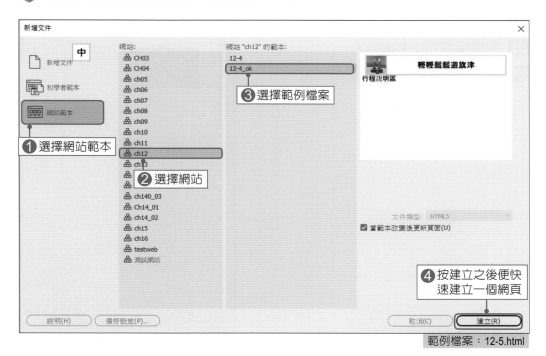

範例檔案：12-5.html

完成後，出現下面畫面。

顯示使用範本檔名稱　　此處是不可編輯之處

此處是可編輯之處

12-4-4　修改範本內容

當網站的內容不斷地增加，有時候必需修改範本的內容，我們可透過「資源面板」開啟範類別，選定欲修改的範本檔，再執行 🗗 編輯指令，便可開始進行編修作業。操作步驟如下：

01 先將滑鼠移至「資源面板」。

02 再移至 📇 範本檔。

03 選擇修改「12-4_ok」。

04 執行 🗗 編輯指令。

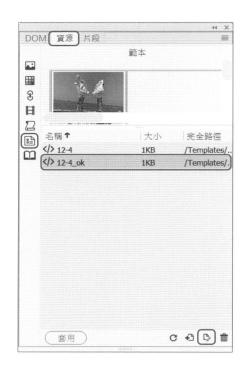

開啟範本檔後，我們在右邊再增一個「可編輯區域」。

修改完畢，請到「檔案→儲存檔案」中進行存檔的動作。若是該範本在其他網頁也有使用到，一併更新。

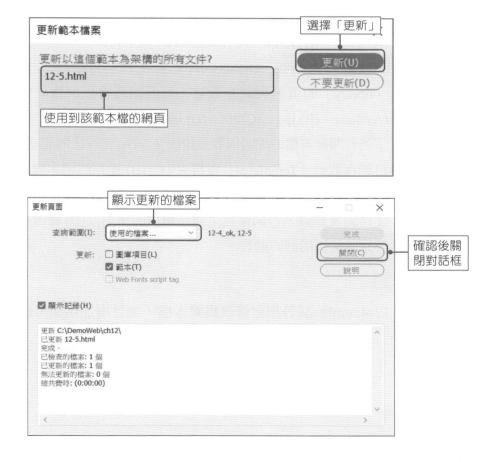

本章習題

一、是非題

(   ) 1. 在一個範本中式允許多個可編輯區域，如果需要增加，一樣是利用「插入→範本物件→可編輯區域」的指令來設定。

(   ) 2. 當圖庫插入到網頁後，圖庫內容是允許再次編輯。

(   ) 3. 「資源」面板它提供了八種類型資源。

(   ) 4. 若是不小心設錯了可編輯區域，想要重新處理，可以在該區域左上角的綠色標籤上按右鍵執行「範本→移除範本標記」命令，便可移除，再重新設定。

二、選擇題

(   ) 1. 下列何者不在「資源面板」？

     (A) 影像   (B)Script   (C)URLs   (D) 以上皆非。

(   ) 2. 完成圖庫命名後，Dreamweaver 會在網站自動建立一個名稱為「library」的資料夾來存放它，每個圖庫會以何種副檔名存在？

     (A).docx   (B).jpg   (C).tfc   (D).lbi。

(   ) 3. 下列有關範本檔的說明何者是錯誤？   (A) 儲存後的範本檔，範本會自動存放至「Templates」資料夾中   (B) 儲存的範本檔可以隨便移動及刪除，不會發生連結錯誤的情形   (C) 儲存的範本檔不可以隨便移動及刪除，否則會發生連結錯誤的情形   (D) 修改範本檔會影響到其他使用到的網頁。

三、實作題

開啓「12-4.html」試著把它修改爲範本檔，並且增加兩個可編輯區域，「旅遊景點」及「旅遊圖片」。

13

≫互動式表單製作

課堂導讀

　　網頁設計中，若是需要與使用者互動，就會經常使用到表單元件。表單元件包括：文字、密碼、文字區域、選取元件、選項按鈕、核取按鈕、日期、時間、按鈕等元件。利用這些元件，我們可以設計不同表單出來，例如：會員資料、訂貨單、出貨單、客戶基本資料等。通常表單要伴隨著資料庫一起使用，例如：MySQL、SQL Server，這樣才能把表單輸入的資料儲存起來。

　　本章主要針對表單各式元件的介紹及使用時機，至於，結合資料庫的表單應用，我們將另書介紹。

學習重點提要

* 認識表單。
* 表單中的各式元件介紹及使用時機。
* 介紹文字、密碼、文字區域、選取元件、選項按鈕、核取按鈕、日期、時間、按鈕等元件使用時機及屬性說明。
* 了解表單內容傳送方式。
* 綜合練習 - 客戶售後資料表。

⚙ 13-1 認識表單

　　表單就是使用者與電腦之間互動的元素，意思是說表單在網頁中提供使用者輸入文字或者選項讓使用者來輸入，比較常見的案例就是會員資料登入作業。

會員登入　│　立即註冊

請輸入手機號碼 或 Email

請輸入密碼（英文大小寫有差別）

☑ 記住帳號　　　　　　　　　　　　　忘記密碼

登　入

畫面引用：www.phome.com.tw

　　它運作的機制是當使用者按下【登入】之後，系統會把輸入的資料送往後端資料庫，後端資料庫若是找到該會員的資料，便會調閱相關資料出來，使用者便可再繼續下一階段的作業。

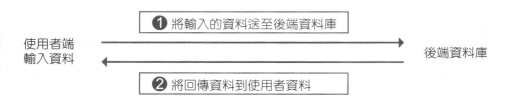

使用者端輸入資料　❶ 將輸入的資料送至後端資料庫 →　後端資料庫

❷ 將回傳資料到使用者資料

　　Dreamweaver 提供了完整的表單元件，若要使用這些表單元件，操作步驟如下：我們先建立一個新的空網頁，再透過「插入→表單」便可看見一系列的表單元件。

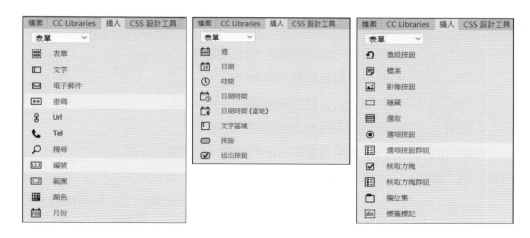

✤ 表 13-1　表單各元件說明

元件名稱	說明
表單	主要建立表單的區域範圍。
文字	主要用來設定姓名、電話、地址或者其他文字輸入等。
文字地區	可以輸入多行文字，主要用來設定備註欄。
檔案	能夠讓使用者瀏覽電腦的檔案，並作上傳的動作。
隱藏	插入「隱藏」式的表單欄位，瀏覽者不需看到的內容。
選取	選取可以設定下拉式的清單資料。
欄位集	可先將表單中數個類似相關的項目選取起來，然後按此鈕加上欄位集。
標籤標記	可用來替表單的項目加註說明文字。
電子郵件	用於編輯元素值中提供之電子郵件地址清單的控制項。
密碼	用來設定密碼輸入，輸入的文字以 "‧" 來呈現。
Url	用於編輯元素值中提供之絕對 URL 的控制項。
Tel	用於輸入電話號碼的單行純文字編輯控制項。
搜尋	一個單行純文字編輯控制項，用於輸入一個或多個搜尋詞彙。
編號	設定數字輸入的元件。
範圍	適用於包含一段數值範圍的欄位。

元件名稱	說明
顏色	適用於內含某個顏色的輸入欄位。
月	允許使用者選取月份與年份。
週	允許使用者選取週與年份。
日期	可協助使用者選取日期的控制項。
時間日期	允許使用者選取日期與時間（含時區）。
時間日期（當地）	允許使用者選取日期與時間（不含時區）。
按鈕	在按下時執行動作。您可以為按鈕新增自訂名稱或標籤，或者使用預先定義的「送出」或「重設」標籤之一。
送出按鈕	按此按鈕可以已完成的表單資料送出。
重設按鈕	按此按鈕可以已完成的表單資料清除。
影像按鈕	使用影像做為按鈕。
選項按鈕	允許在單一選項只有 1 個選擇。
選項按鈕群組	將「單一選項」集合成一個群組，只要透過「單一選項群組」的對話視窗即可。
核取方塊	允許在單一選項群組內有多個選擇。
核取方塊群組	將單一「核取方塊」集合成一個群組，只要透過「核取方塊群組」的對話視窗即可。

下面的圖示是應用上述元件所設計出來的畫面。

1. 登入畫面設計模式

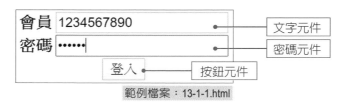

範例檔案：13-1-1.html

2. 建議事項設計模式

範例檔案：13-1-2.html

3. 客戶售後資料表設計模式

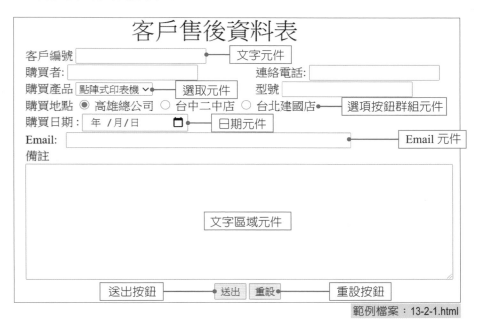

範例檔案：13-2-1.html

13-1-1　表單元件

　　一般而言，會希望使用者透過網頁方式與我們進行互動，最好的方式是利用表單所提供的元件，讓使用者與網頁進行互動。所以一開始，先建立一個新的網頁，再到「插入→表單」中插入一個新的表單。在網頁中會顯現紅色虛線的區域，這個區域便是表單元件要放置的區域範圍。

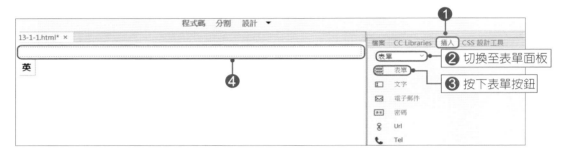

　　在表單元件中，經常看到的屬性如下：

① Name：設定程式碼中參考元素的唯一名稱。

② Disabled：如果你想要瀏覽器停用該元素，請選取這個選項。

③ Required：如果你想要瀏覽器檢查是否有指定某個值，請選取這個選項。

④ Auto complete：選取此選項，當使用者在瀏覽器中輸入資訊時自動填入值。

⑤ Auto focus：如果你想要瀏覽器載入頁面時焦點放在此元素上，請選取這個選項。

⑥ Read only：選取此選項將元素的值設成唯讀。

⑦ Form：指定 <input> 元素所屬的一個或多個表單。

⑧ Place holder：說明輸入欄位必要值的提示。

⑨ Pattern：驗證元素值的規則運算式。

⑩ Title：關於元素的額外資訊。顯示為工具提示。

⑪ Tab Index：以目前文件的定位停駐點順序，指定目前元素的位置。

13-1-2　文字元件

　　「文字」元件在表單經常會使用上的元件，只能輸入單行，但若是需要輸入「密碼」或「備註」的形式，分別可以使用「密碼」元件及「文字區塊」元件來進行設定。例如：我們打算做出下圖，操作步驟如下：

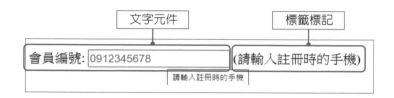

01 建立一個新的網頁。

02 再將滑鼠移到「插入→表單→表單」。

03 再將滑鼠移到「插入→表單→文字」，再修改「Text Field」為「會員編號」。

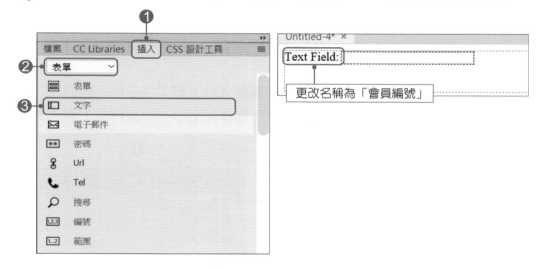

04 設定「文字元件」相關屬性。

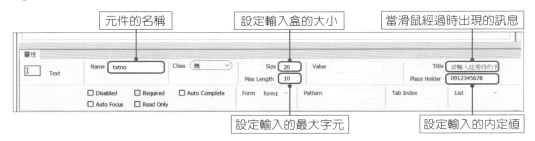

元件的名稱　　　　設定輸入盒的大小　　　當滑鼠經過時出現的訊息

設定輸入的最大字元　　　設定輸入的內定值

05 最後再到「文字元件」後面再「插入→標籤標記」，「標籤標記」文字為「請輸入註冊時的手機」。

【設定好的結果】

會員編號：[　　　　　　　　　]**(請輸入註冊時的手機)**

範例檔案：13-1-3.html

13-1-3　密碼元件

　　密碼元件常見於登入作業中會使用到的元件，與文字元件不同於在「密碼元件」輸入時會出現 "*" 字元，其餘的屬性與文字元件相同。下面的範例是密碼的設定步驟。

01 建立一個新的網頁。

02 再將滑鼠移到「插入→表單→表單」。

03 再將滑鼠移到「插入→表單→密碼」，再修改「Password」為「密碼」。

更改名稱為「密碼」

04 設定「密碼元件」相關屬性。

元件的名稱　　　　　設定輸入盒的大小

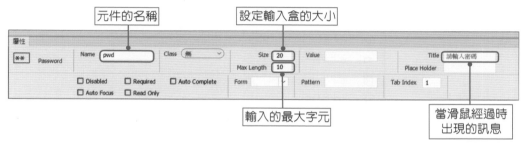

輸入的最大字元　　　當滑鼠經過時出現的訊息

05 最後再到「密碼元件」後面再「插入→標籤標記」,「標籤標記」文字為「請輸入 2~10 字元」。

密碼：　　　　　　　　(請輸入 2~10 字元)

【設定好的結果】

密碼：●●●●●●●●●　　　　(請輸入 2~10 字元)

13-1-4　文字區域元件

　　文字區域元件主要使用於需要輸入較多字數的文字,例如:「備註」、「建議事項」等等。比較常見的範例,像是餐廳在設計「客戶回饋」時的建議事項,我們以此範例作為說明。操作步驟如下:

01 請將滑鼠移到「插入→表單→文字區域」。

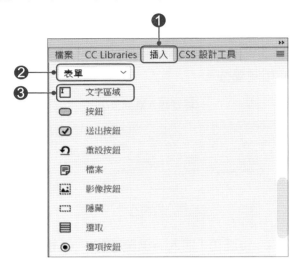

02 出現畫面如下圖,清除標籤「Text Area」,保留「文字輸入盒」。

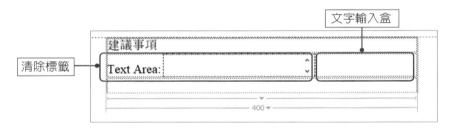

03 設定文字輸入盒的最大輸入字數(Max Length)為 200,列(Rows)與行(Cols)。

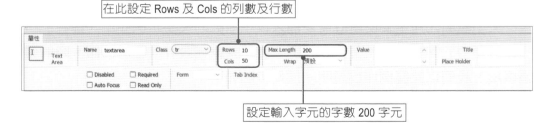

按下【F12】按鍵瀏覽結果，如下圖：

範例檔案：13-1-4.html

13-1-5 選取元件

選取元件是以「下拉式選單」呈現，通常是用來處理單一答案的選擇，例如：性別（男、女）、血型（A、B、O、AB）、學歷等。以「教育程度」選項為範例做以下說明，選項內容有：小學、國中、高中、大學、研究所。選項元件設定的操作步驟如下：

01 請將滑鼠移到「插入→表單→選取」。

02 出現畫面如圖,更改標籤「Select」為「教育程度」。

03 下拉式選單透過頁面屬性中,移至「清單值」建立清單項目。

04 進入「清單值設定」,按【+】新增清單項目,按【—】刪除清單項目。
依序輸入清單項目及對應的值,通常在這裡所設定的值,主要用於撰寫程
式時,可將對應的值儲存至資料庫中,方便使用者進行資料的處理與運算。

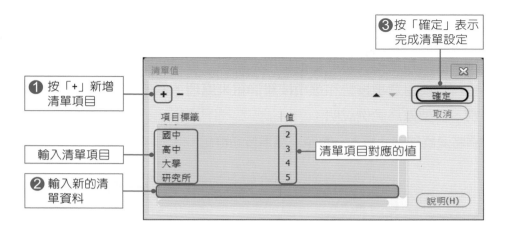

在即時檢視模式下，【教育程度】的選項是一個下拉式選單，可以看到剛剛的設定。

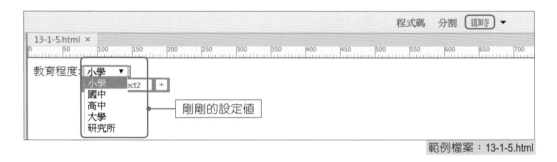

範例檔案：13-1-5.html

我們再切換至程式碼檢視，若是程式碼有修改，按【F5】鍵再重新載入。

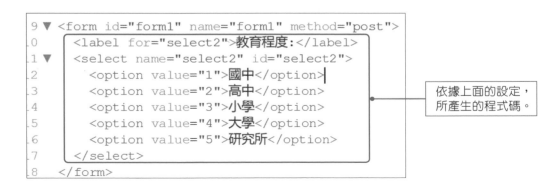

13-1-6 選項按鈕群組元件

　　選項按鈕和選項按鈕群組都是用來做單一選擇的題目，除了使用選取之外，也可以使用選項按鈕和選項按鈕群組來處理。例如：性別、血型。我們就性別、血型做為範例說明：

01 請將滑鼠移到「插入→表單→選項按鈕群組」。

02 出現畫面如下圖。

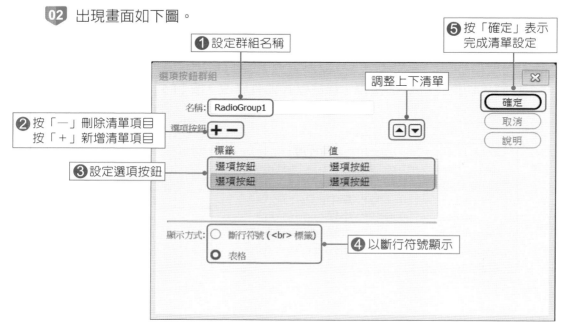

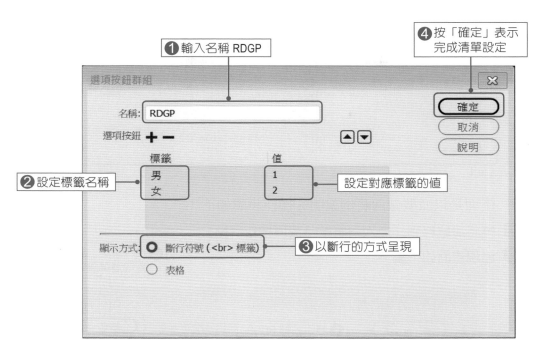

❹ 按「確定」表示
完成清單設定

❶ 輸入名稱 RDGP

選項按鈕群組

名稱： RDGP

確定

取消

說明

選項按鈕 **＋ ー**

標籤	值
男	1
女	2

❷ 設定標籤名稱

設定對應標籤的值

顯示方式： ● 斷行符號 (
 標籤) | **❸** 以斷行的方式呈現
○ 表格

13-1-5.html* ×

性別 ○ 男 [BR]
○ 女 [BR]

以斷行的方式呈現，若是想把
男、女選項放在同一行，按 Del
鍵，讓它成為一行

13-1-5.html* ×

性別 ○ 男 ○ 女 [BR]

設定好選項清單之後，我們想要設定「男性」為初始值，那麼就先把滑鼠移到 ○ 男 透過 Radio Button 面板中，移至 ☐ Checked 勾選即可。

設定初始值為男性

13-1-5.html* ×

性別 ◉ 男 ○ 女 [BR]

在此打勾表示選定

屬性

● Radio
Button

Name RDGP | Class 無 | ☑ Checked | Value 1 | Title

☐ Disabled ☐ Required | Form | Tab Index
☐ Auto Focus

對應的程式碼

```
9 ▼ <form id="form1" name="form1" method="post">
0 ▼    <p>性別
1 ▼      <label>
2          <input name="RDGP" type="radio" id="RDGP_0" form="form1" title="請輸入性別" value="1"
           checked="checked">
3 .        男</label>
4 ▼      <label>
5          <input type="radio" name="RDGP" value="2" id="RDGP_1">
6          女</label>
7          <br>
8        </p>
```

下面是以血型做為範例說明。操作步驟如下：

01 請將滑鼠移到「插入→表單→選項按鈕群組」。

02 出現畫面如下圖。

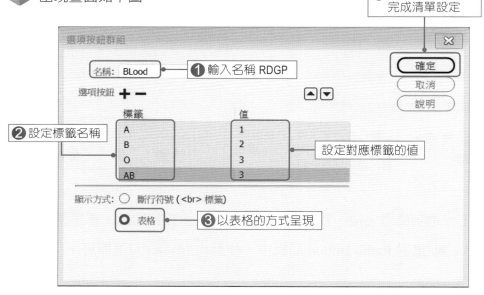

03 設定完成。

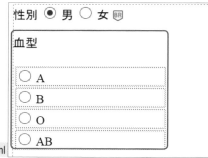

範例檔案：13-1-6.html

對應程式碼如下：

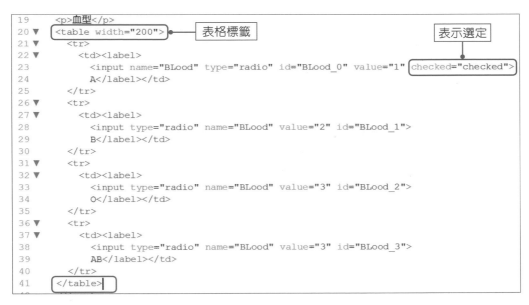

按下【F12】鍵瀏覽結果，本範例是以 Chrome 瀏覽器為主。

範例檔案：13-1-6.html

13-1-7 核取按鈕 / 核取按鈕群組元件

核取按鈕或核取按鈕群組元件通常用於多重選項時使用，也就是說當使用者想要的答案不止 1 個或 1 個以上時，就可以使用核取按鈕或核取按鈕群組元件來處理。例如：點餐系統的餐點選擇或興趣等等。核取按鈕可透過「插入→表單」中進行設定。我們以「你最喜歡的水果」為範例。操作步驟如下：

01 請將滑鼠移到「插入→表單→核取按鈕」。

02 出現畫面如下圖。

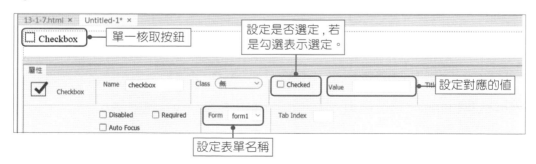

我們依序更改核取按鈕的標籤說明，重複的設定「水蜜桃」、「西瓜」、「蘋果」、「鳳梨」等項目。

範例檔案：13-1-7.html

```
8  ▼  <body>
9  ▼  <form id="form1" name="form1" method="post">
10 ▼      <p>你最喜歡的水果是
11           <input name="checkbox" type="checkbox" id="checkbox" form="form1" value="1"
             checked="checked">
12           水蜜桃
13           <input name="checkbox2" type="checkbox" id="checkbox2" value="2" checked="checked">
14           西瓜
15           <input type="checkbox" name="checkbox3" id="checkbox3">
16 ▼        <label for="checkbox3">蘋果
17             <input type="checkbox" name="checkbox4" id="checkbox4">
18             鳳梨
19           </label>
20       </p>
```

　　上面的作法是重複設定 4 個核取按鈕，在處理上是有點繁瑣。Dreamweaver 提供了「核取按鈕群組元件」把同性質的選項提供我們進行設定。我們再把滑鼠移到「插入→表單→核取按鈕群組」，出現畫面如下。

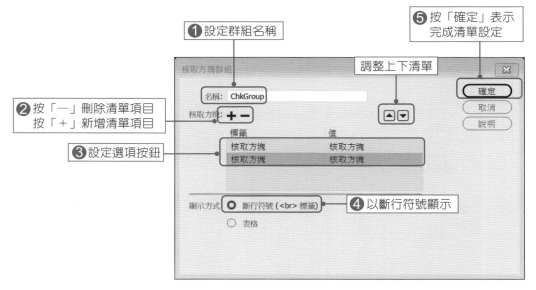

　　核取方塊群組對話框中，新增「紅茶」、「綠茶」、「奶茶」核取方塊，呈現的方式以斷行方式呈現。

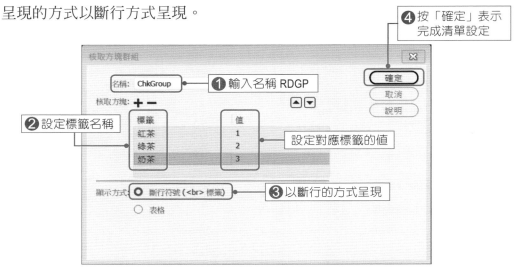

設定好的結果如下圖：

對應的程式碼如下：

```
21 ▼    <p>飲料
22 ▼      <label>
23          <input type="checkbox" name="ChkGroup" value="1" id="ChkGroup_0">
24          紅茶</label>
25 ▼      <label>
26          <input type="checkbox" name="ChkGroup" value="2" id="ChkGroup_1">
27          綠茶</label>
28 ▼      <label>
29          <input type="checkbox" name="ChkGroup" value="3" id="ChkGroup_2">
30        奶茶</label>
31      </p>
```

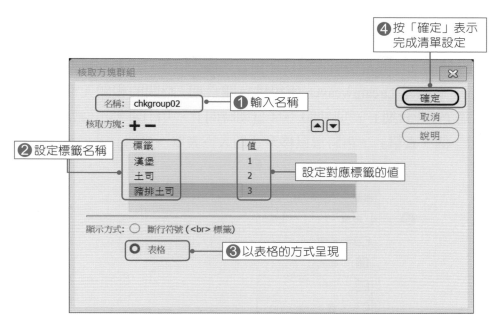

④ 按「確定」表示完成清單設定

① 輸入名稱

② 設定標籤名稱

設定對應標籤的值

③ 以表格的方式呈現

設定完成後，便會看到核取按鈕群組以表格方式呈現。

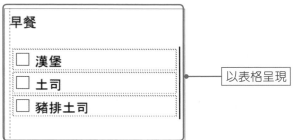

以表格呈現

對應的程式碼如下：

```
32      <p>早餐</p>
33 ▼   <table width="200">
34 ▼     <tr>
35 ▼       <td><label>
36           <input type="checkbox" name="chkgroup02" value="1" id="chkgroup02_0">
37           漢堡</label></td>
38       </tr>
39 ▼     <tr>
40 ▼       <td><label>
41           <input type="checkbox" name="chkgroup02" value="2" id="chkgroup02_1">
42           土司</label></td>
43       </tr>
44 ▼     <tr>
45 ▼       <td><label>
46           <input type="checkbox" name="chkgroup02" value="3" id="chkgroup02_2">
47           豬排土司</label></td>
48       </tr>
49     </table>
```

13-1-8　日期 / 時間元件

日期 / 時間元件經常使用在與日期相關，例如：生日、銷售日期、訂單日期等等。右圖是 Dreamweaver 所提供有關日期 / 時間的相關元件，「月份」、「週」、「日期」、「時間」、「日期時間」、「日期時間（當地）」。我們新增一個「表單」，再將滑鼠移至「插入→表單→日期」。

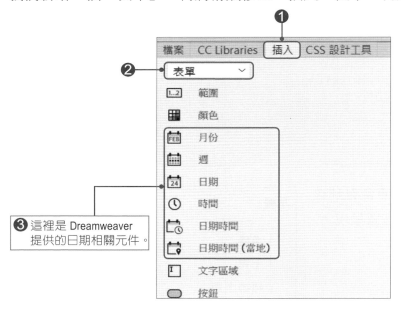

在設計模式下，所有的日期 / 時間元件。

範例檔案：13-1-9.html

按下【F12】鍵瀏覽結果，本範例是以 Chrome 瀏覽器。

P4xdlxv.htm

月份	----年--月 📅
週	---- 年，第 -- 週 📅
日期	年 /月/日 📅
時間	-- --:-- 🕐
日期時間	
日期時間(當地)	年 /月/日 -- --:-- 📅

設定月份

我們可以指定月份的開始日期，若是沒有設定，則以當日爲主，另外也可以指定月份的開始日期（Min）及結束日期（Max）。

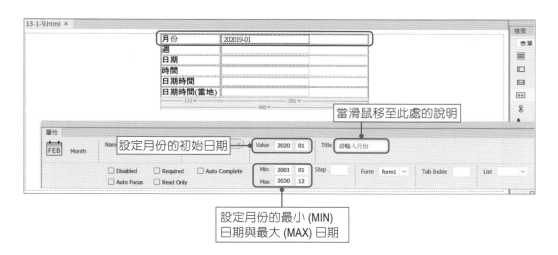

按下【F12】鍵瀏覽結果。

月份	2020年01月 📅
週	---- 年，第 -- 週 📅
日期	年 /月/日 📅
時間	-- --:-- 🕐
日期時間	
日期時間(當地)	年 /月/日 -- --:-- 📅

點選月份挑選月份時，可以看見剛剛設定的最小（MIN）日期（開始年度）及最大（MAX）日期（結束年度），提供挑選。

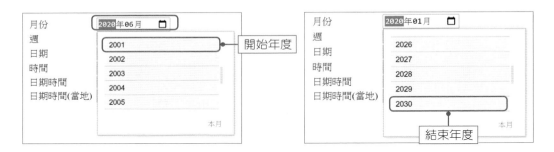

設定週次

在設定「週次」的作法，基本上與設定「月」的方式一樣。

按下【F12】鍵瀏覽結果。

設定日期

在設定「日期」的作法，基本上與設定「月」的方式一樣，只是設定日期直接設定到日，而「月」及「週」設定到月份。

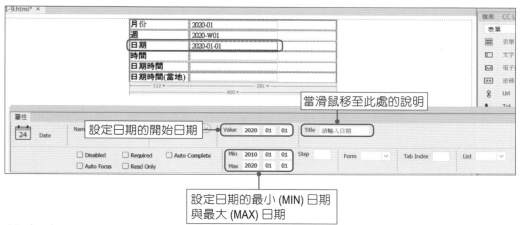

設定時間

我們可以指定月份的開始日期，若是沒有設定，則以當日為主，另外也可以指定月份的開始日期（Min）及結束日期（Max）。

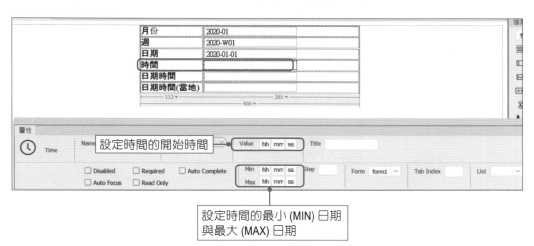

按下【F12】鍵瀏覽結果。

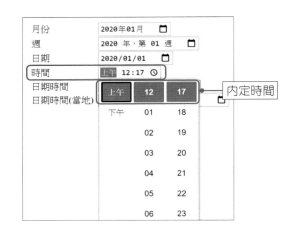

設定日期時間

我們可以指定日期時間的開始日期時間，若是沒有設定，則以當日當時的時間為主，另外也可以指定日期時間的開始日期時間（Min）及結束日期時間（Max）以及時區。

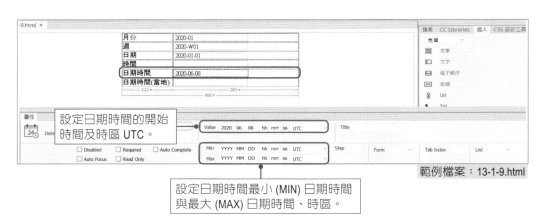

範例檔案：13-1-9.html

設定日期時間（當地）

在設定「日期時間（當地）」的作法，基本上與設定「日期時間」的方式一樣，只是設定「日期時間（當地）」不需要設定時區，以輸入的當日時間為主。

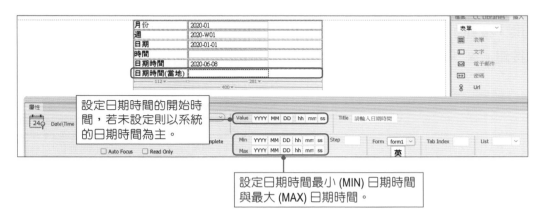

設定日期時間的開始時間，若未設定則以系統的日期時間為主。

設定日期時間最小 (MIN) 日期時間與最大 (MAX) 日期時間。

按下【F12】鍵瀏覽結果。

13-1-9 按鈕元件

在表單中按鈕元件是不可缺的，當表單輸入完成後，我們可以透過按鈕與網頁進行互動。Dreamweaver 提供「按鈕」、「送出按鈕」、「重設按鈕」、「影像按鈕」。

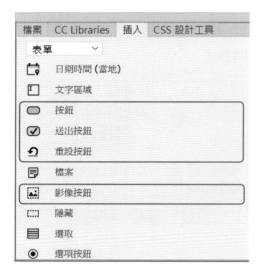

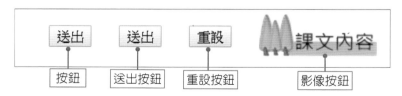

❖ 表 13-2　按鈕元件說明

按鈕元件	說明
按鈕	讓按鈕可視為一般按鈕，該按鈕沒有特別指定作用，在按下時執行動作。您可以為按鈕新增自訂名稱或標籤，或者使用預先定義的「送出」或「重設」標籤之一。
送出按鈕	Dreamweaver 中提供「送出按鈕」，按此按鈕可以已完成的表單資料送出。
重設按鈕	Dreamweaver 中提供「重設按鈕」，按此按鈕可以已完成的表單資料清除。
影像按鈕	使用影像做為按鈕。

按鈕

在按下時執行動作。您可以為按鈕新增自訂名稱或標籤，或者使用預先定義的「送出」或「重設」標籤之一。

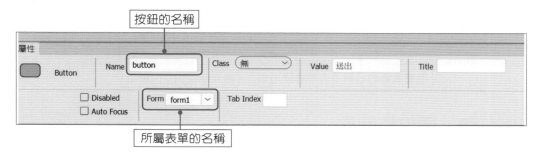

送出按鈕

按此按鈕可以已完成的表單資料送出。

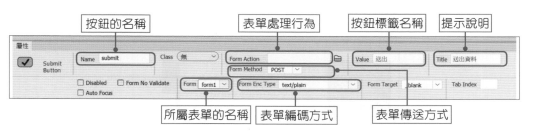

重設按鈕

按此按鈕可以已完成的表單資料清除。

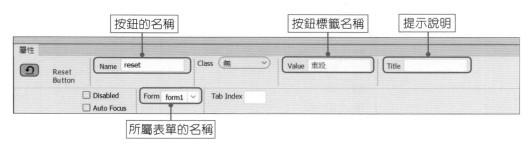

影像按鈕

　　影像按鈕可以插入一張圖片當作按鈕。

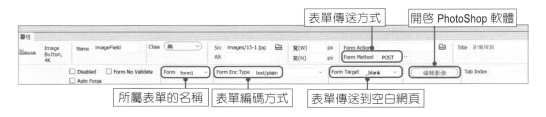

13-1-10　欄位集元件

　　我們可以把性質相關的表單元件項目選取起來，然後按此鈕加上欄位集。操作步驟如下：

01 先選取相同欄位。

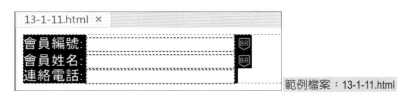

範例檔案：13-1-11.html

02 再將滑鼠移到「插入→表單→欄位集」。

03 輸入邊框名稱「會員基本資料」。

設定完成如下：

按下【F12】鍵瀏覽結果。

範例檔案：13-1-11.html

13-2 表單內容傳送的方式

當我們把表單的資料填寫完畢後，按下「送出」按鈕，表單資料必須透過伺服器及資料庫，才能把進資料庫處理。在本範例中，我們以電子郵件方式傳送至對方。因此，在「傳送按鈕」中的 form action 中設定：「mailto:」+「電子郵件」+「?subject= 主題」。

表單方法有兩種，GET 及 POST。若無指定方式，使用瀏覽器的預設設定，將表單資料傳送到伺服器。一般來說，預設值為 GET 方法。

GET	將值附加到在要求頁面的 URL。
POST	在 HTTP 要求中內嵌表單資料。

在使用 GET 或 POST 有幾點注意事項需要注意：

請勿使用 GET 方法傳送長表單。URL 限制為 8192 個字元。如果所傳送的資料量太大，資料將被截斷，導致未預期或失敗的處理結果。GET 方法傳遞的參數所產生的動態網頁可以加入書籤，因為重新產生頁面需要的所有值都包含在瀏覽器「網址」方塊中所顯示的 URL 中。相反地，POST 方法傳遞的參數所產生的動態網頁則無法加入至書籤。

如果你收集機密性的用戶名稱和密碼、信用卡號碼或其他機密資訊時，POST 方法顯然會比 GET 方法更安全。然而，POST 方法所傳送的資訊並未加密，駭客很容易便可以擷取。為了確保安全，請使用安全的連線並連往安全的伺服器。

另外，在「編碼類型」中，指定送出到伺服器以進行處理之資料的 MIME 編碼方式類型。在「目標」，指定要顯示所使用程式傳回資料的視窗。如果沒有開啟命名視窗的話，會以該名稱開啟一個新視窗。設定下列任何一個目標值：

_blank	在新的未命名視窗中開啓目標文件。
_parent	在顯示目前文件視窗的上一層視窗中開啓目標文件。
_self	在送出表單的相同視窗中開啓目標文件。
_top	在目前視窗的內文中開啓目標文件。這個值可以用來確保目標文件會接受完整的視窗，即使原始文件是顯示在頁框中也一樣。

13-3　綜合練習－客戶售後資料表

　　利用 13-1 節介紹的元件，製作一個「客戶售後資料表」，表單內容包括：客戶編號、購買者、連絡電話、購買產品、型號、購買地點、購買日期、Email、備註。下圖是設計好的表單樣式。

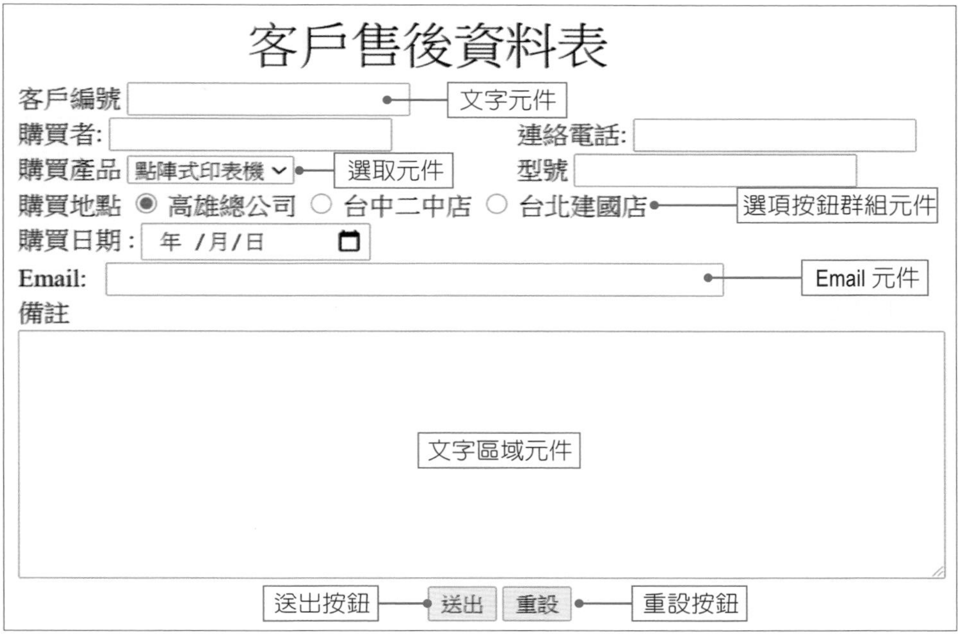

客戶售後資料表

客戶編號 [　　　　　　　] ● ── [文字元件]
購買者：[　　　　　　　　　　]　　　連絡電話：[　　　　　　　　]
購買產品 [點陣式印表機 ▾] ● ── [選取元件]　型號 [　　　　　　]
購買地點 ● 高雄總公司　○ 台中二中店　○ 台北建國店 ● ── [選項按鈕群組元件]
購買日期：[年 /月/日　📅]
Email：[　　　　　　　　　　　　　　　] ● ── [Email 元件]
備註
[

　　　　　　　　　　[文字區域元件]

]
[送出按鈕] ── [送出] [重設] ── [重設按鈕]

✦ 表 13-3　標籤說明

標籤	使用元素
客戶編號	文字元件
購買者	文字元件
連絡電話	文字元件
購買產品	選取元件
型號	文字元件
購買地點	選項按鈕群組元件
購買日期	日期元件
Email	Email 元件
備註	文字區域元件
送出按鈕	送出按鈕
重設按鈕	重設按鈕

01 建立一個新的網頁。

02 設定抬頭「客戶售後資料表」。

03 再將滑鼠移到「插入→表單 →表單」。

04 再將滑鼠移到「插入 → HTML → Table」，設定， 建立 9 列 2 欄的表格，設 定表格置中對齊。

客戶售後資料表

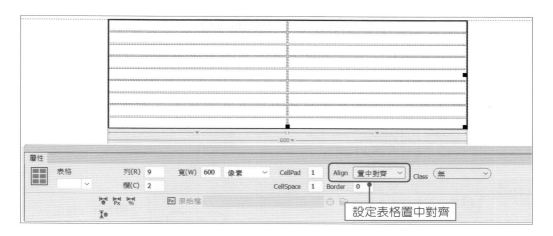

設定表格置中對齊

05 逐一在第一列及第二列建立文字元件，標籤各別更名為：「客戶編號」、「購買者」、「連絡電話」。

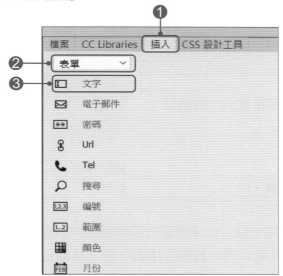

Text Field:		
Text Field:	Text Field:	

修改為：

客戶編號		
購買者:	連絡電話:	

06 第三列左邊欄位「購買產品」以選取元素建立，右邊欄位「型號」以文字元素建立。

設定結束後，在檢視模式下的畫面：

客戶編號		
td + 者：	連絡電話：	
購買產品 點陣式印表機 ▼	型號	

07 第四列設定「購買地點」以「選項按鈕群組元件」建立。「購買地點」的清單項目有：高雄總公司、台中二中店、台北建國店。因此，我們將滑鼠移至第四列插入「插入→表單→選項按鈕群組」。

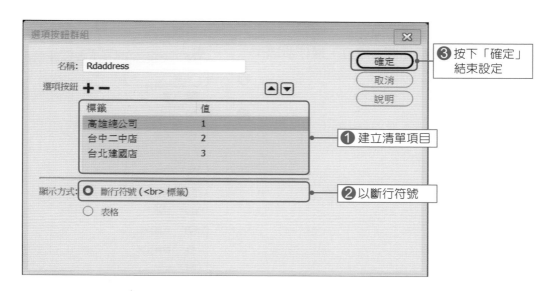

設定高雄總公司為內定值，將滑鼠移至「高雄總公司」選項，開啟選項按鈕對話視窗，勾選 Checked 即可。

按下【F12】鍵瀏覽結果。

購買者:		連絡電話:	
購買產品 點陣式印表機 ∨		型號	
購買地點 ⦿ 高雄總公司　○ 台中二中店　○ 台北建國店			

設定好的選項按鈕

08 第五列設定「購買日期」，購買
日期以「日期元件」建立。操作步驟：

插入「日期」之後，畫面：

Date:

更改標題為「購買產品」。

若不設定初始日期，則在進行
網頁編輯時，不會顯示日期。

按下【F12】鍵瀏覽結果。

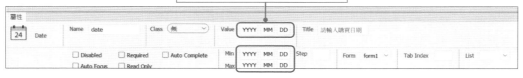

09 第六列設定「Email」，Email 以
「Email 元件」建立。操作步驟：

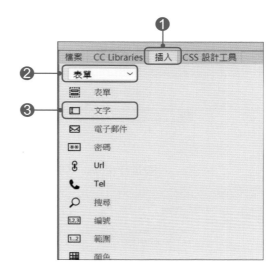

插入「電子郵件」之後，畫面：

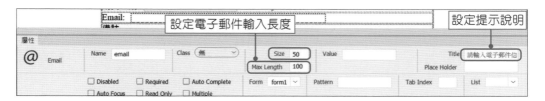

10 第八列設定「備註」，備註以
「文字區域元件」建立。
我們先把滑鼠移到「插入→
表單→文字區域」。

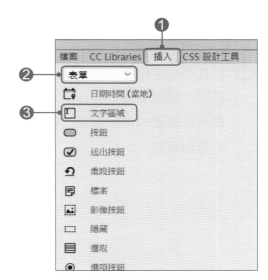

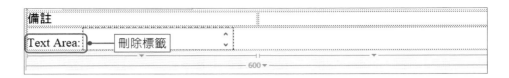

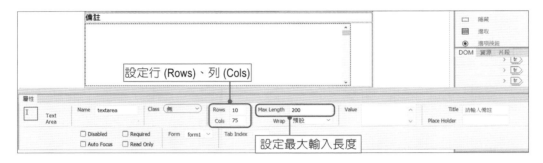

按下【F12】鍵瀏覽結果。

11 第九列設定兩個按鈕「送出」及「重設」。我們直接將滑鼠移到「插入→表單→送出按鈕」及「插入→表單→重設按鈕」。「送出按鈕」主要是負責將表單資料送到後台（指的是資料庫）。「重設按鈕」可以把已經輸入的資料清除。

「插入→表單→送出按鈕」的設定：

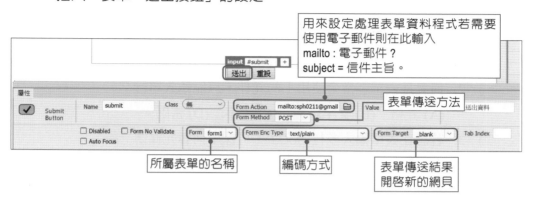

用來設定處理表單資料程式若需要
使用電子郵件則在此輸入
mailto：電子郵件？
subject＝信件主旨。

表單傳送方法

所屬表單的名稱　　編碼方式　　表單傳送結果
開啓新的網貝

依照上述的元件設定完畢後，按下【F12】鍵瀏覽結果。

客戶售後資料表

客戶編號 00001

購買者： 謝碧惠　　　　　　　連絡電話： 0912345678

購買產品 噴墨印表機 ▼　　　型號 aa100-111

購買地點 ○ 高雄總公司 ● 台中二中店 ○ 台北建國店

購買日期： 2020 / 06 / 13 📅

Email： teacher@gmail.com

備註

　　　　　　　　　送出　重設

範例檔案：13-2-1.html

本章習題

( ) 1. 主要建立表單的區域範圍元件是

(A) 表格 　(B) 文字區塊 　(C) 文字 　(D) 表單。

( ) 2. 何者是表單經常會使用上的元件，只能輸入單行？

(A) 表格 　(B) 文字區塊 　(C) 文字 　(D) 密碼。

( ) 3. 若想在表單輸入多行的文字，可採用何者元件？

(A) 表格 　(B) 文字區塊 　(C) 文字 　(D) 密碼。

( ) 4. 密碼元件常見於登入作業中會使用到的元件，與文字元件不同於在
「密碼元件」輸入時會出現 　(A) * 　(B) - 　(C)& 　(D)#。

( ) 5. 當所選擇的答案不止一個時，我們可以使用何者元件？

(A) 核取按鈕 　(B) 選項按鈕 　(C) 選取 　(D) 選項按鈕群組。

( ) 6. 若是想要以清單項目以下拉式方式呈現，可以選擇何種元件？

(A) 選取 　(B) 選項按鈕 　(C) 核取按鈕 　(D) 文字方塊。

( ) 7. 日期/時間元件經常使用在與日期相關，下列何者不是Dreamweaver
所提供的元件？

(A) 週 　(B) 月 　(C) 日 　(D) 日期。

( ) 8. 我們可以透過何者元件可以達到使用者與網頁互動的功能？

(A) 單選項目 　(B) 文字區塊 　(C) 文字 　(D) 按鈕。

( ) 9. 表單內容傳送有下列幾種方式？

(A)GET 　(B)POST 　(C) 電子郵件 　(D) 以上皆是。

二、實作題

利用表格、文字、文字區塊、單選選項群組、日期、電子信箱、傳送按鈕、重設按鈕完成下面表單。

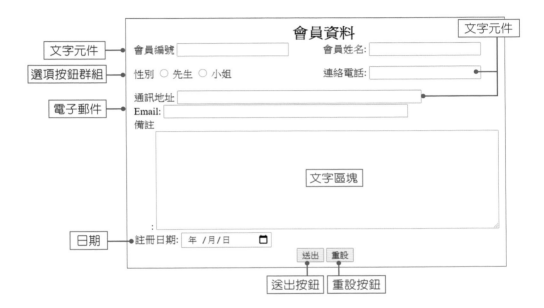

Note

>>Bootstrap 組件

 課堂導讀

　　Bootstrap 是目前最受歡迎的響應式、移動裝置和應用前端的框架。它不是單一的 CSS 或 JavaScript 框架,而是完整的 HTML、CSS、JavaScript 框架,我們可以利用 Bootstrap 提供的框架及組件,快速發展出具有響應式佈局頁面和應用。本章節針對網頁設計中常見的輪播效果、縮圖圖文框及下拉式選單的操作方式做一個說明。

 學習重點提要

- 使用 Bootstrap Carousel 製作圖片輪播效果。
- 使用 Bootstrap Thumbnails 製作圖文區塊。
- 使用 Bootstrap Button Groups 製作下拉式選單。

14-1 Bootstrap Carousel製作圖片輪播效果

在瀏覽一些網站時，有時會使用圖片輪播效果增加廣告或宣傳效果，吸引閱讀者的注意。如下圖是 pchome（http://www.pchome.com.tw）及文藻外語大學（http://www.wzu.edu.tw）的首頁，利用圖片輪播的方式，把最新消息放在首頁，就像早期跑馬燈的方式，不斷地重複所設定好的圖片。

圖片來源：http://www.pchome.com.tw

圖片來源：http://www.wzu.edu.tw

14-1-1　設定輪播圖案

我們可使用 Dreamweaver 所提供的 Bootstrap 組件中 Carousel 的功能來完成圖片輪播的效果。Carousel 意思是旋轉木馬，在 Bootstrap 組件是幻燈片的意思，每張幻燈片都有一張圖片和說明文字，在元件裡面我們可以添加一些控制元素來控制幻燈片的播放。

　　開始建置前，建議先準備所需要的圖片，以本範例而言，先準備了 3 張圖片分別為 14-1-1.jpg、14-1-2.jpg、14-1-3.jpg。緊接著，到插入面板選擇「插入→ Bootstrap 組件」，再選擇 Carousel。其餘操作步驟如下：

01 將畫面切換至「即時」模式。

02 將滑鼠移至「插入→ Bootstrap 組件→ Carousel」。

03 出現 Carousel 輪播畫面。

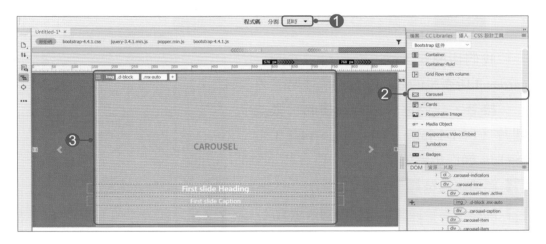

04 設定好 Carousel 之後，Dreamweaver 自動會產生 4 個電子檔（bootstrap 4.4.1.css、jQuery 3.4.1.js、popper.min.js、bootstrap 4.4.1.js）。其中，bootstrap 4.4.1.css 是屬於唯讀，若要修改 bootstrap 4.4.1.css 必須再存檔時，把它複製到本機，然後，再把唯讀屬性開啟，才能編輯 bootstrap 4.4.1.css 相關設定。

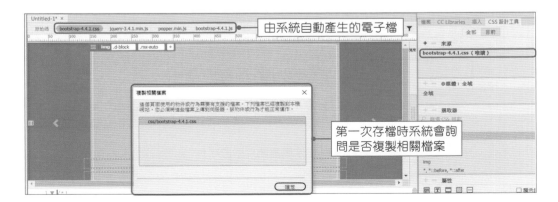

範例檔案：14-1.html

我們切換至 DOM 面板可以看到 carousel 所產生的 css 語法。

接著，我們逐一設定輪播的三張圖片（14-1-1.jpg、14-1-2.jpg、14-1-3.jpg）。操作步驟如下：

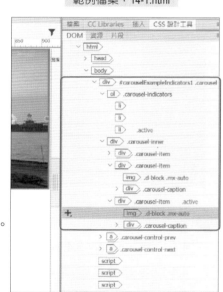

01 將滑鼠移至 ☰ 點選它。

02 開啟檔案管理員挑選輪播圖片檔案。

03 第一張投影片設定好之後，接著設定第二張（14-1-2.jpg）及第三張（14-1-3.jpg）。

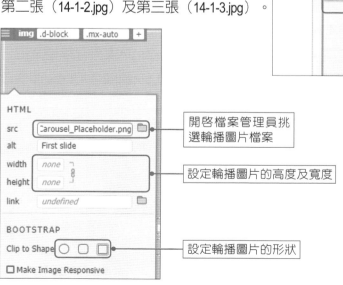

開啟檔案管理員挑選輪播圖片檔案

設定輪播圖片的高度及寬度

設定輪播圖片的形狀

第二張投影片 第三張投影片

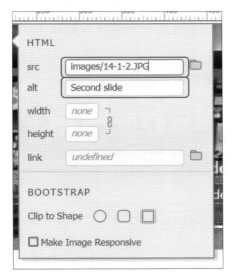

當我們完成三張投影片設定完成後，按下【F12】在預定瀏覽器可以查閱設定後的結果。

透過這裡可以切換下一張投影片

範例檔案：14-1_ok.html

14-1-2　修改輪播解說文字

　　Bootstrap 組件中的 carousel 中除了可以放置圖片之外，還提供文字區域。文字區域的文字可以讓我們替文字加上描述文字。操作步驟如下：

01 將編輯畫面切換至「分割」模式。

02 將滑鼠直接點取「First silde Heading」，便會跳到對應的程式碼。

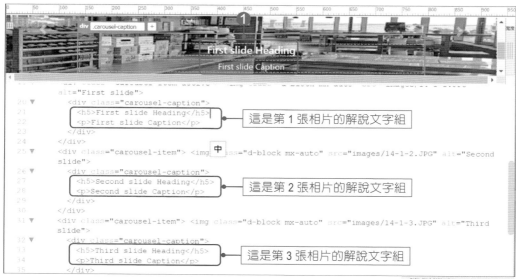

這是第 1 張相片的解說文字組

這是第 2 張相片的解說文字組

這是第 3 張相片的解說文字組

範例檔案：14-2.html

03 本範例刪除 \<h5>\</h5> 及 \<p>\</p> 之間的文字。保留 標籤的意義，主要用意是在日後若需要增加文字，便可直接加在此處。

```
       alt="First slide">
20 ▼    <div class="carousel-caption">
21        <h5></h5>
22        <p></p>
23      </div>
24    </div>
25 ▼  <div class="carousel-item"> <img class="d-block mx-auto" src="images/14-1-2.JPG" alt="Second
      slide">
26 ▼    <div class="carousel-caption">
27        <h5></h5>
28        <p></p>
29      </div>
30    </div>
31 ▼  <div class="carousel-item"> <img class="d-block mx-auto" src="images/14-1-3.JPG" alt="Third
      slide">
32 ▼    <div class="carousel-caption">
33        <h5></h5>
34        <p> 中
35      </div>
```

完成後，按下【F12】在預定瀏覽器可以查閱設定後的結果。

範例檔案：14-2_ok.html

14-2 Bootstrap Thumbnails製作圖文區塊

縮圖經常應用在網頁中，例如：產品資訊、旅遊資訊、相片等。在 Dreamweaver 2020 中可以使用 Thumbnails 來製作縮圖。下面兩個圖檔是我們常見到的版面配置模式。

圖片引用：www.pchome.com.tw

圖片引用：https://www.lifetour.com.tw/

14-2-1　設定縮圖圖文框

本範例將做出下面縮圖。

先做一個簡單的縮圖框，再複製，便會很快速的完成縮圖。因此，我們先預備 4 張圖片（s01.jpg、s02.jpg、s03.jpg、s04.jpg），存放至 images 目錄區中。操作步驟如下：

請將將滑鼠移至「插入→ HTML → Div」。

在 topic Div 中陸續建立 row class Div 及在 row class Div 中建立 col-md class Div。col-md 中主要用來設定縮圖文框。其操作步驟如下：

01 切換至「程式」檢視模式。

02 將滑鼠移到 `<div id="topic">`…`</div>` 此處。

```
 1    <!doctype html>
 2 ▼  <html>
 3 ▼  <head>
 4    <meta charset="utf-8">
 5    <title>縮圖圖文檔範例</title>
 6    </head>
 7
 8 ▼  <body>
 9    <div id="topic"> id "topic" 的內容放在這裡</div>
10    </body>
11    </html>
```

請將滑鼠移至此處

03 再將滑鼠移至「插入→ HTML → Div」，建立「row class」。

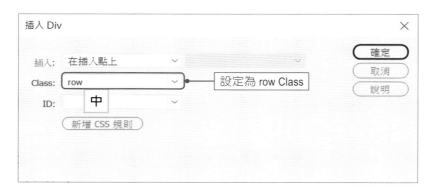

設定為 row Class

對應的程式碼如下：

```
 4    <meta charset="utf-8">
 5    <title>縮圖圖文檔範例</title>
 6    </head>
 7
 8 ▼  <body>
 9 ▼  <div id="topic"> id "topic" 的內容放在這裡
10      <div class="row"> class "row" 的內容放在這裡</div>
11    </div>
12    </body>
13    </html>
```

04 將滑鼠移到 `<div class="row">…</div>` 處。

```
 4    <meta charset="utf-8">
 5    <title>縮圖圖文檔範例</title>
 6    </head>
 7
 8 ▼ <body>
 9 ▼ <div id="topic"> id "topic" 的內容放在這裡
10       <div class="row"> class "row" 的內容放在這裡</div>
11    </div>
12    </body>
13    </html>
```

請將滑鼠移至此處

05 再將滑鼠移至「插入 → HTML → Div」，建立「col-md class」。

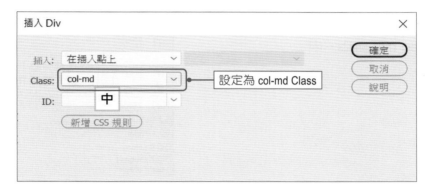

插入 Div　　　　　　　　　　　　　　　　　　　×

插入：　在插入點上　　　　　　　　　　　　確定

Class：　col-md　　　　　　　　　設定為 col-md Class　　取消

ID：　　　　中　　　　　　　　　　　　　　　　說明

新增 CSS 規則

對應的程式碼如下：

```
 1    <!doctype html>
 2 ▼ <html>
 3 ▼ <head>
 4    <meta charset="utf-8">
 5    <title>縮圖圖文檔範例</title>
 6    </head>
 7
 8 ▼ <body>
 9 ▼ <div id="topic"> id "topic" 的內容放在這裡
10 ▼    <div class="row"> class "row" 的內容放在這裡
11         <div class="col-md"> class "col-md" 的內容放在這裡</div>
12       </div>
13    </div>
14    </body>
15    </html>
```

14-11

接著，我們分別把 <div id="topic"> 與 </div> 之間的文字內容清除。清除結果
如下圖：

```
 8 ▼ <body>
 9 ▼ <div id="topic">
10 ▼     <div class="row">
11           <div class="col-md"> </div>
12       </div>
13   </div>
14   </body>
```

06 利用 Bootstrap 組件中的 Thumbnails 來製作
縮圖。首先切換至「即時」模式。將滑
鼠移至「插入 → Bootstrap → Respondsive
Images: Thumbnails」中。

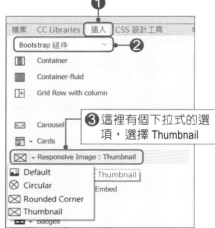

產生下面的一個圖框（灰色部份）。將滑鼠移至 ☰ 此處，更換圖片。

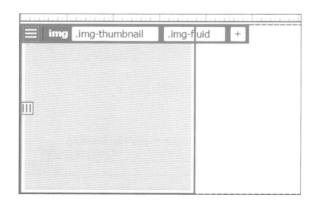

設定好的結果，如下：

07 設定文字及按鈕。

再插入標題 H3。

設定好的結果如下：

再建立兩個按鈕。我們利用 Bootstrap 組件中的 Button 選項。各別插入 Primary Button 及 Secondary Button。

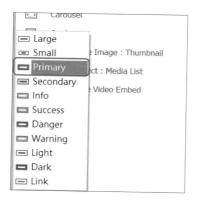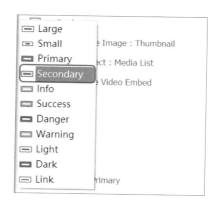

設定好 Button 選項，再依序修改文字部份。

```
5 ▼        <div class="caption">
6            <h3>漢神巨蛋廣場</h3>
7 ▼          <p>
8              <button type="button" class="btn btn-primary">景點介
             紹</button>
9              <button type="button" class="btn btn-secondary">我要
             報名</button>
0            </p>
1          </div>英
```

修改後的結果。

範例檔案：14-3_ok.html

14-2-2　美化縮圖圖文框

在上一節，完成縮圖圖文框之後，緊接著利用 CSS 設計工具來美化縮圖圖文框。建立好的縮圖圖文框的程式碼如下：

縮圖圖文框

```
13▼ <div id="topic">
14▼   <div class="row">
15▼     <div class="col-md"><img src="images/s01.jpg" class="img-
        thumbnail img-fluid" alt="漢神巨蛋廣場">
16▼       <div class="caption">
17           <h3>漢神巨蛋廣場</h3>
18▼         <p>
19             <button type="button" class="btn btn-primary">景點介
              紹</button>
20             <button type="button" class="btn btn-secondary">我要
              報名</button>
21           </p>
22         </div>
23       </div>
24     </div>
```

範例檔案：14-4.html

因為，我們要在 class row Div 處要放下 4 張縮圖，因此，必須設定 class col-md 的寬度為 25%。

❶ 選擇 col-md 類別

❷ 設定寬度 25%

```
#topic
#topic .row
.col-md .caption h3
#topic .row .col-md
.row .col-md .img-thumbnail.img-fluid

+    屬性
🔲 T ▭ ▨ ⋯              ☐ 顯示集

📐 版面
width              :  25 %
height             :
min-width          :
min-height         :
max-width          :
```

另一方面，我們所使用的圖片大小不一致，為了希望看起來大小一致，因此，設定 img 的圖片大小為寬 150px、高 120px。

❶ 選擇 img-thumbnail img-fluid

❷ 設定寬度 150px 及高度 120px

```
+    @媒體：全域
+ ─  選取器
🔍 篩選 CSS 規則
#topic
#topic .row
.col-md .caption h3
#topic .row .col-md
.row .col-md .img-thumbnail.img-fluid

+    屬性
🔲 T ▭ ▨ ⋯              ☐ 顯示集

📐 版面
width              :  150 px
height             :  120 px
min-width          :
min-height         :
max-width          :
```

我們已事先建立好 CSS，檔名爲 chap14-2-1.css。可以利用 CSS 設計工具面板把 CSS 加入。

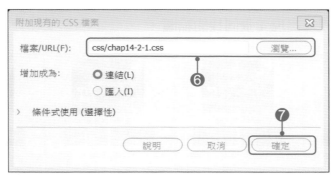

設定好的結果。

範例檔案：14-4_ok.html

我們必須複製 3 個縮圖圖文框才能完成本範例，因此，可以切換至 DOM 功能區中，只複製 col-md 部份，操作說明如下：

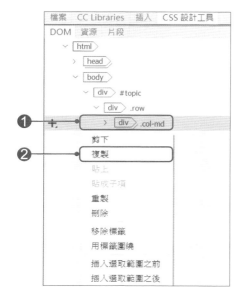 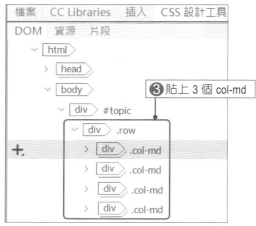

切換至檢視，出現 4 張同樣的縮圖。

我們再把其他 3 張圖修改爲本範例的結果。操作步驟，參考 14-2-1 節的步驟 4。

範例檔案：14-4_ok.html

14-3 Bootstrap Button Groups製作下拉式選單

在設計功能表時，可以使用一般按鈕、下拉式選單、彈出式選單方式提供使用者選擇。

一般按鈕

線上購物	24h購物	購物中心	露天拍賣	商店街	個人賣場
廣告刊登	信箱	新聞	氣象	股市	個人新聞台	Skype

上面的功能表是使用「按鈕群組」的方式來完成。

下拉式選單

上面的功能表是使用「下拉式選單」的方式來完成。

　　在本章節中，我們使用 Bootstrap 組件 Vertical Button Group 來產生下拉式選單（如圖）。

　　操作步驟如下：

01 新增一個空白網頁。

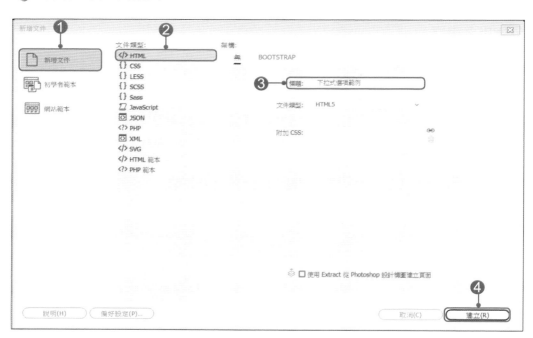

02 將畫面切換至「即時」模式。

03 將滑鼠移至「插入→ Bootstrap 組件→ Vertical Button Group」。

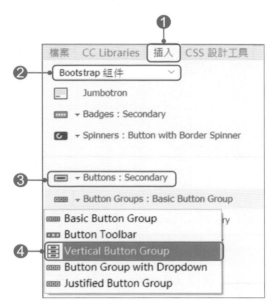

便會產生對應的 css 檔及 javascript 檔案。 內定為三個按鈕，最後一個為下拉式選單。

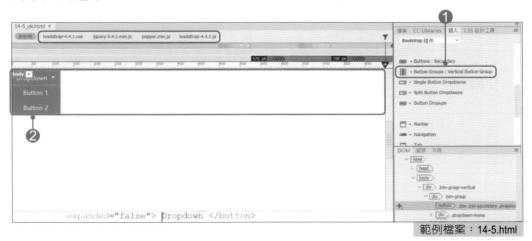

範例檔案：14-5.html

04 我們再切換到 DOM，可以看見 .btn-group，再點下去之後，出現 2 個子按鈕。

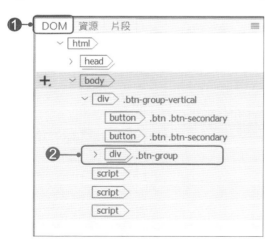

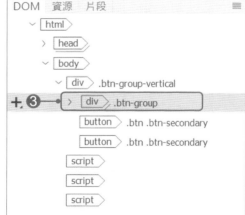

切換到即時模式，呈現下拉式選單，我們發現 Button1、Button2 被下拉式選項遮著。因此，我們可以透過 CSS 設計面板來進行調整。

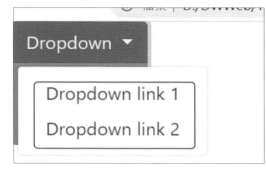

範例檔案：14-5_ok.html

我們必須將 bootstrap-4.4.1.css 的唯讀狀態打開。

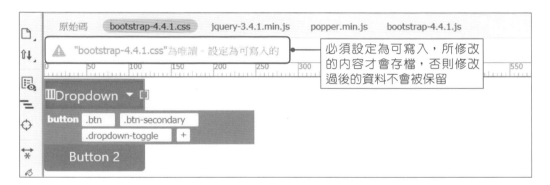

05 接著切換至 CSS 設計面板。將來源處選擇 bootstrap-4.4.1.css，再將滑鼠移至 .dropdown.menu。移至版面，設定上邊界 -30px 左邊界 120px。

設定好版面邊界設定後，下拉式子項目則不會被遮蓋住。

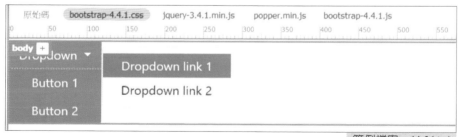

範例檔案：14-6.html

06 接著修改功能選項的文字內容。把編輯模式切換至即時檢視及程式分割模式，修改程式碼中對應文字部份即可。

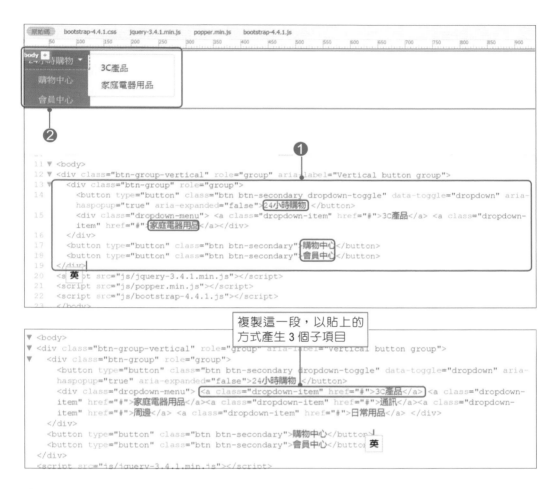

複製這一段，以貼上的
方式產生 3 個子項目

07 預覽設定結果。

範例檔案：14-6_ok.html

本章習題

一、是非題

(　　) 1. 要做出輪播效果可以使用 Carousel 的功能來完成圖片輪播效果。

(　　) 2. Bootstrap 組件中的 Carousel 中除了可以放置圖片之外，並沒有提供文字區域。

(　　) 3. 我們可以使用 Bootstrap 組件中的 Thumbnails 來製作圖文框。

(　　) 4. Thumbnail 會產生內定的圖片我們可將滑鼠移到 ≡ 更換圖片。

(　　) 5. 我們可以使用 Bootstrap 組件中的按鈕做出下拉式功能表。

(　　) 6. 當我們完成下拉式功能表之後，發現子項目被遮住，可以調整版面的邊界。

二、實作題

1. 請參考 14-2-1 節完成下面的網頁。

圖片來源：

1	nb01.jpg
2	nb02.jpg
3	nb03.jpg
4	nb04.jpg

CSS 來源：ex14.css

15

>>jQuery Mobile 應用

 課堂導讀

　　隨著智慧型手機的普及，促使網路行銷手法多元化，廠商製作 App 讓消費者在手機安裝，已經逐漸成為消費趨勢。消費者可以隨時上網查詢感興趣的資訊，進而拉進與消費者之間的互動，間接的增加銷售力。

　　談到製作 App 時，以往想到的就是需要有撰寫程式的能力，只要想到要寫一大堆程式碼，就會不知該如何下手才好。Dreamweaver 提供了 jQuery Mobile 功能，讓我們可以快速做出手機的選單介面。介面完成後，再利用 Adobe PhoneGap Build 服務，就能輕輕鬆鬆地把網站封裝成 App。

 學習重點提要

- 學習如何利用內建 jQuery Mobile 功能製作手機選單介面。
- 學習如何在 App 中加入文字、圖片及 Google 地圖。
- 學習如何利用 jQuery Mobile 網頁元件，製作 App 中按鈕和可收合區塊。
- 學習如何使用 jQuery Moblie 色票面版來套用色彩。
- 學習如何使用 Adobe PhoneGap Build 網站將選單介面發佈為 App。

15-1 建立 jQuery Mobile 頁面

jQuery Mobile 可以快速建立基本的網頁選單，儲存至網站資料夾後，即可完成初步選單架構。透過「插入→jQuery Mobile」可以看見它所有的指令。

一開始，先建立一個針對 App 專屬的網站，主要是在完成所有的網頁之後，我們會把它封裝成 App。因此，預先建置一個範例檔，目錄名稱為 ch15，請將它複製至你的硬碟中。接著，新增一個網站。直接選擇「網站→新增網站」，出現畫面如下：

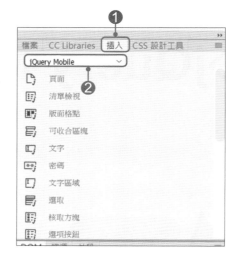

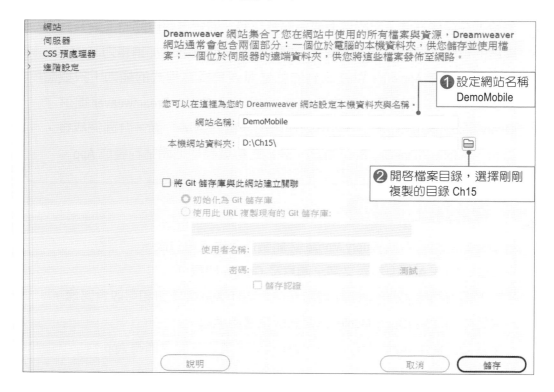

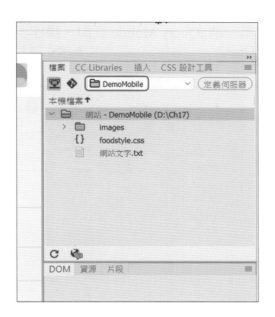

在本書範例中，打算建立五個頁面，包括：首頁、四個子頁面。如下圖：

因此，開始建立第一個 jQuery Mobile 頁面。操作步驟如下：

01 先到「檔案→開新檔案」。

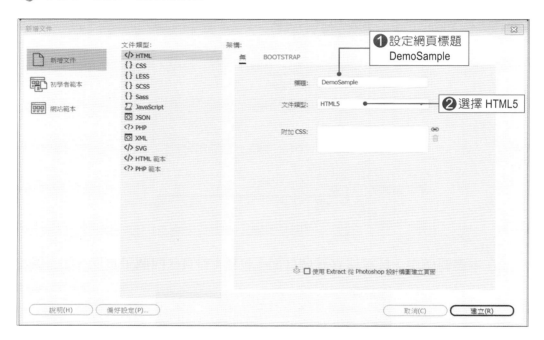

02 建立完成後，另存新檔為 index.html。

03 開始建立 jQuery Mobile 頁面，將滑鼠移到「插入→ jQuery Moblie →頁面」或者從右側面板移至「插入」切換至「jQuery Moblie」，選擇「頁面」鈕。

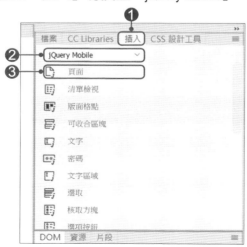

04 接著出現 jQuery Moblie 檔案對話視窗。此時需要設定 jQuery Mobile 相關檔案建立在遠端或區域（本機），以及相關 CSS 檔儲存位置。

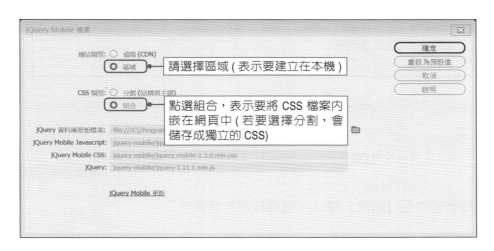

05 接著會出現頁面對話視窗，讓你依需求來建立 APP 的每一個頁面，在 jQuery Mobile 的網站中，每個頁面都有預設的 ID 為 page，在這裡將 APP 的第一頁第二頁依序設定為 Page1、Page2，你也可以自訂每頁是否要有頁首和頁尾，設定如下：

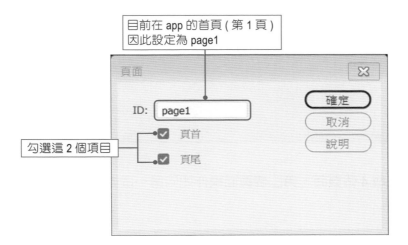

建立完成後，自動產生 jQuery Mobile 相關的 CSS 與程式碼。

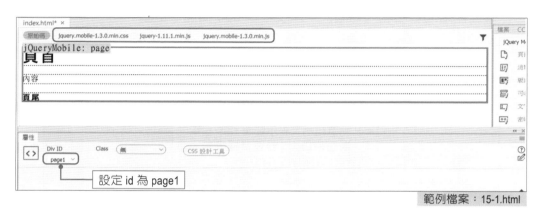

範例檔案：15-1.html

06 接著切換至【即時】模式，查看設定的結果。

頁首、內容及頁尾套用了
預設的格式，點選即可看
到樣式名稱

範例檔案：15-1_ok.html

緊接著依序完成 4 個頁面。第二個頁面操作如同第一個頁面。

01 將滑鼠移至空白處。

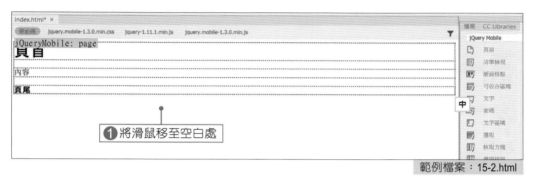

範例檔案：15-2.html

02 將滑鼠移到「插入→ jQuery Moblie →
頁面」或者從右側面板移至「插入」
切換至「jQuery Moblie」，選擇「頁面」
鈕。

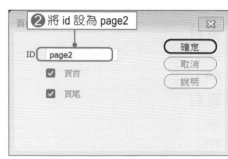

設定完成後，如圖：

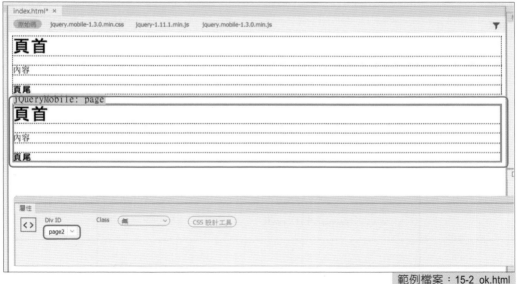

範例檔案：15-2_ok.html

同樣的方式，再建立三個頁面，頁面命名方式為：page3、page4、
page5。

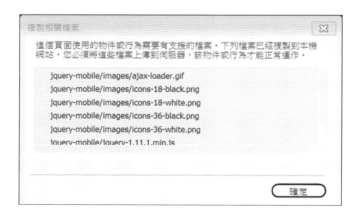

最後，將檔案儲存，會出現以下畫面：

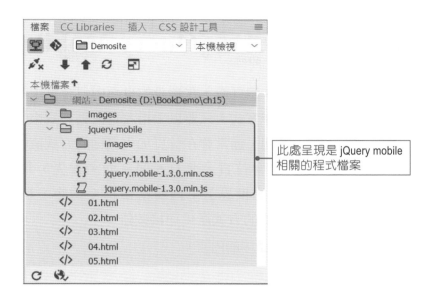

此處呈現是 jQuery mobile 相關的程式檔案

　　再重新檢視網頁，只會出現 page1 的內容，也無法切換頁面。因此，我們必須製造超連結，待超連結完成後，便可透過超連結的方式移動至其他頁面。

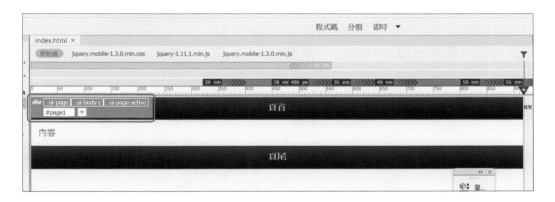

15-2 建立 jQuery Mobile 連結選單

　　目前已經建立 5 個頁面，在預設的頁面中只會呈現第一頁。手機的操作不同於一般電腦操作方式，只要以手指左右滑動方式來切換即可，有些功能在操作上十分不方便，通常會在首頁加入連結的方式直接跳到其他頁面。

　　本書的範例包含首頁，共有 5 個頁面。首先，我們先將 page1 頁首更改為【花花草草的世界】；再將滑鼠移至內容，利用「插入→ jQuery Mobile →清單檢視」的方式產生連接按鈕。

01 移到 page1 的頁面中的內容。

範例檔案：15-3.html

02 移到「插入→ jQuery Mobile →清單檢視」出現以下畫面。

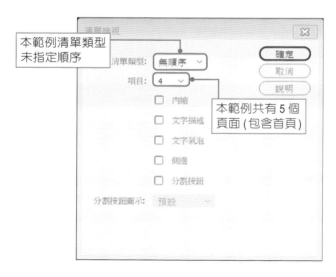

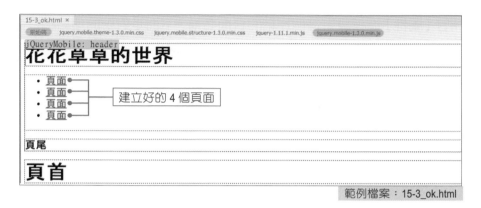

範例檔案：15-3_ok.html

03 接著各別設定每一個頁面的名稱及連接頁面。請打開【網頁文字.txt】，依序更改各個頁面名稱。

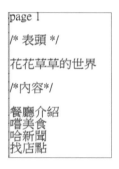

```
page 1

/* 表頭 */

花花草草的世界

/*內容*/

餐廳介紹
嚐美食
哈新聞
找店點
```

更改後的結果：

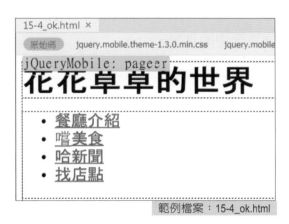

範例檔案：15-4_ok.html

開啟【屬性】面板設定每個連結的頁面名稱。下面是對應的連結網頁名稱。

餐廳介紹	#page2
嚐美食	#page3
哈新聞	#page4
找店點	#page5

例如：餐廳介紹連接的頁面為 #page2，因此在【屬性】面板中的【連結】設定為 #page2。

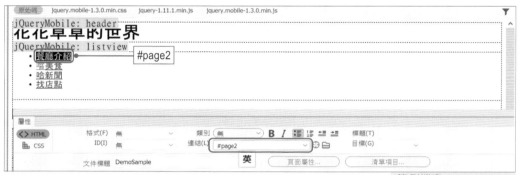

範例檔案：15-5_ok.html

設定好【餐廳介紹】的連結之後，同樣的方式去設定【嚐美食】、【哈新聞】、【找店點】的連結。

最後，我們設定一下頁尾。打開【網頁文字 .txt】在頁尾中有一段文字，把它直接貼到第一頁頁面中的頁尾。

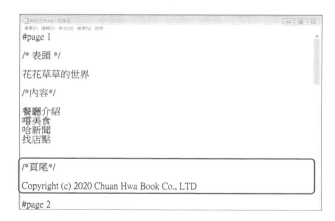

把「Copyright (c) 2020 Chuan Hwa Book Co., LTD」直接貼至頁尾。通常公司行號中的 (c) 更改為 ©，操作方式為：

01 將滑鼠移至 (c) 處。

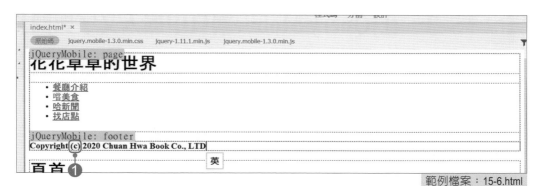

範例檔案：15-6.html

02 移到「插入→ HTML →人物：其他字元」。

設定完畢，如圖。

範例檔案：15-6_ok.html

在本書範例中，每個頁面的頁尾設定都一樣，因此，設定好第一頁的頁尾之後，將其複製後，分別貼到其他頁面。

15-3　在jQuery Mobile網頁中加入文字與圖片

在前面的章節，已經完成文字部份的設定，我們再繼續設定其他頁面的表頭及表尾。

範例檔案：15-7.html

圖片設定的部份。我們在表頭部份插入一張封面圖片，檔案放置在
Ch15\image 目錄區中，檔名為 title01.jpg。操作步驟如下：

01 首先要加入首面的表頭圖片，切換至【分割】模式。

02 移到「插入→ HTML → Image」，Dreamweaver 開啟檔案對話視窗，請選擇
title01.jpg 檔。

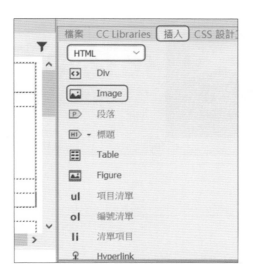

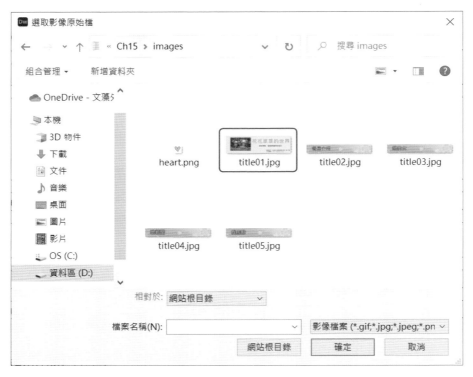

03 我們再使用同樣的方式把 4 個區塊首頁的圖片更換。

(1) 餐廳介紹的區塊後面插入 image 資料夾中 title02.jpg

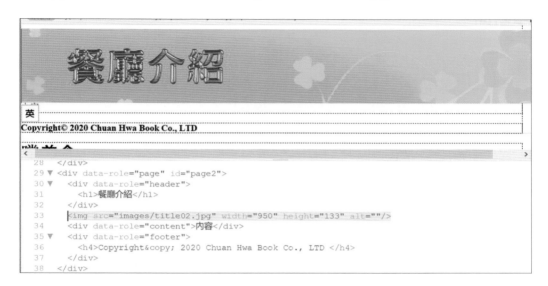

(2) 嚐美食的區塊後面插入 image 資料夾中 title03.jpg

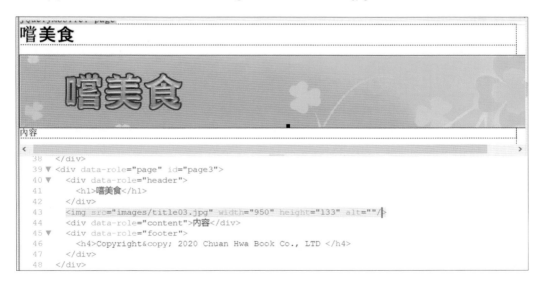

(3) 哈新聞的區塊後面插入 image 資料夾中 title04.jpg。

(4) 找店點的區塊後面插入 image 資料夾中 title05.jpg。

04 完成所有區塊的頁首圖片設定之後，可以利用即時檢視的方式，預覽設計完的結果，發現首面的圖片的右側被裁切掉，在後面的章節會說明如何處理。

範例檔案：15-7_ok.html

⚙ 15-4　【餐廳介紹】頁面製作-利用表格呈現文字

　　餐廳介紹的頁面，我們利用 jQuery Mobile 版面格點的方式來產生兩欄式表格，jQuery Mobile 版面格點相較於傳統表格方式是 jQuery Mobile 版面格點可以隨著手機畫面調整大小，較具有彈性。操作步驟如下：

01 將滑鼠移至【餐廳介紹】區塊中的內容部份，然後，把內容兩個字刪掉，移至「插入 → jQuery Mobile →版面格點」。本範例是 1 列 2 欄。

範例檔案：15-8.html

在下面頁面中,分別產生區塊 1.1 及區塊 1.2。

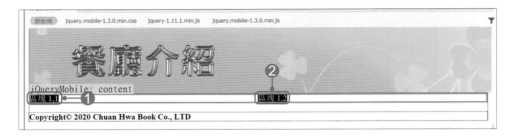

02 分別在區塊 1.1 及區塊 1.2。貼上下面文字。

03 各別將【餐廳特色】及【停車場資訊】的標題的字型大小更改為【標題3】。

範例檔案：15-8_ok.html

⚙ 15-5　【嚐美食】頁面製作-利用可收合區塊呈現文字

　　【嚐美食】頁面的提供了「火鍋」、「簡餐」、「飲料」餐點項目，每個項目下有每個餐點明細及單價。在【嚐美食】頁面的製作，利用 jQuery Mobile 可收合區塊的項目來處理以及表格來處理餐點明細及單價部份。如圖：

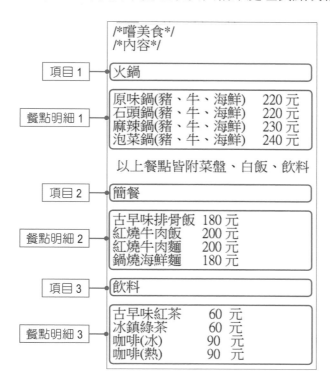

操作步驟如下：

01 先製作「火鍋」、「簡餐」、「飲料」餐點項目部份。先將滑鼠移到移至「插入 → jQuery Mobile → 可收合區塊」。

範例檔案：15-9.html

02 各別在【收合區塊 1】、【收合區塊 2】、【收合區塊 3】的頁首中輸入「火鍋」、「簡餐」、「飲料」餐點項目。

修改後的結果。

利用瀏覽器（本範例是以 chrome 瀏覽器）檢視結果，如圖：

03 緊接著使用【HTML】的表格來處理餐點明細及單價部份。依續處理「火鍋」、「簡餐」、「飲料」的餐點明細及單價。首先，先將滑鼠移到移至「插入→ HTML → Table」。

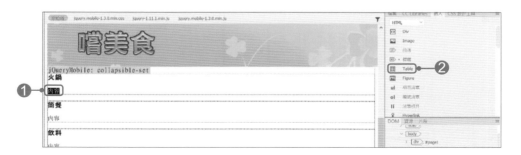

在本範例中，設定為 4 列 2 欄。表格寬度 300 像素，邊框粗細設定為 0。

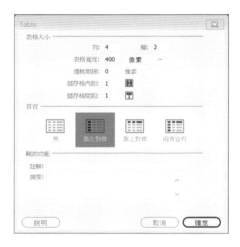

將表格位置設定為置中對齊。先選擇【表格】打開【屬性面板】設定 Align 為「置中對齊」。

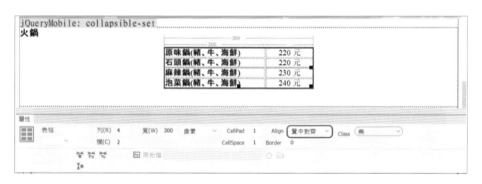

左欄寬度設 200 像素，左欄寬度設 100 像素。

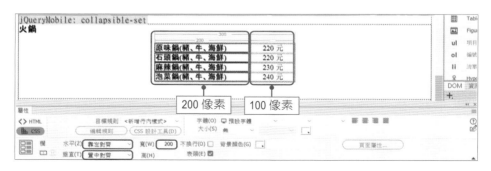

設定完畢之後，移至表格下方，輸入「以上餐點皆附菜盤、白飯、飲料」，設定為「標題4」。

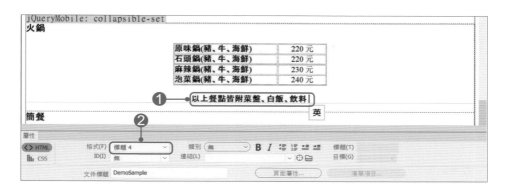

設定完「火鍋」項目之後，同樣的方式，設定「簡餐」、「飲料」項目內的餐點清單。

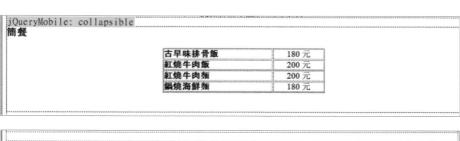

切換至瀏覽器（本範例是以 chrome 瀏覽器）檢視結果，如圖：

範例檔案：15-9_ok.html

⚙ 15-6 【哈新聞】頁面製作

【哈新聞】的內容，如圖：

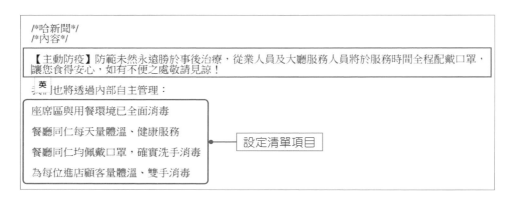

01 先將滑鼠移到移至「插入 → jQuery Mobile → 文字區塊」。再把上面那段文字貼至文字區塊中。

範例檔案：15-10.html

設定格式為標題 3

設定為清單項目

❶選定此段文字

❷設定格式為標題 3

15-27

02 再把「座席區…消毒」這段文字，以項目清單方式呈現。因此，將滑鼠移到移至「插入→ HTML →項目清單」進行設定。

範例檔案：15-10_ok.html

15-7 【找店點】頁面製作-加入Google地圖

【找店點】的地點，我們加入 Google 地圖來呈現。

```
#page 5

/*找店點*/
/*內容*/

高雄總店

813高雄市左營區博愛二路777號6F 訂位專線: (07)340-1001
```

在「內容」處把網頁文字 .txt 中的「高雄總店…(07)3401001」之間的文字貼上。

範例檔案：15-11.html

接著製作內嵌地圖的部份，本範例是採用 google 地圖網站。操作步驟如下：

01 打開 google 瀏覽器，移置【地圖】。

02 輸入查詢的地址

03 選擇嵌入地圖。

出現一連串的 HTML 的語法，複製 HTML 的語法。

04 將那一串的 HTML 貼上至 (07)340-1001 後面，如圖所示。（註：可按 Ctrl+V 鍵）

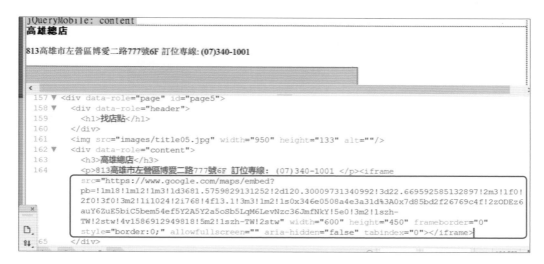

設定完的畫面如下：

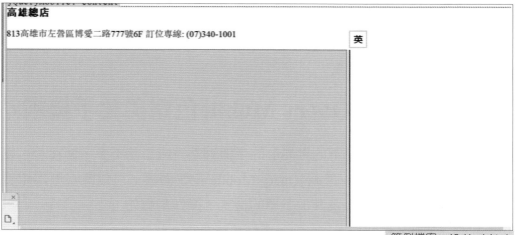

範例檔案：15-11_ok.html

我們直接切換至瀏覽器（本範例是以 chrome 瀏覽器）檢視結果，如圖：

15-8　以jQuery Mobile色票美化手機網站

我們已經把【花花草草的世界】的手機網站完成了差不多，緊接著，要再加強手機網頁的美化。透過 jQuery Mobile 色票面板，可以改善原本單調的網頁中。依序改變首頁及其他選單的樣式。操作步驟如下：

01 移到「即時」模式，再移到頁首預調整色調的地方。

02 再將滑鼠移至「視窗→ jQuery Mobile 色票」命令開啓「jQuery Mobile 色票」面板。

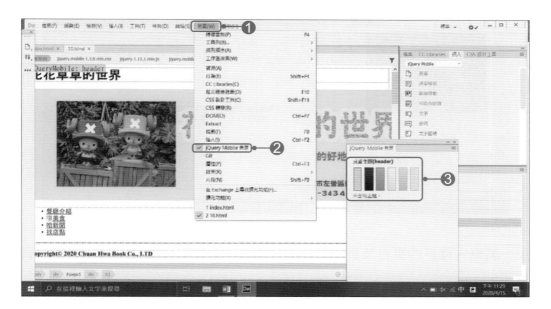

03 「jQuery Mobile 色票」面板,選擇「藍色」。原本的首頁是黑色,更改為藍色。

範例檔案:15-12.html

04 移到「即時」模式,再移到頁尾預調整色調的地方。

05 「jQuery Mobile 色票」面板,選擇「藍色」。原本的首尾是黑色,更改為藍色。

範例檔案:15-12_ok.html

　　調整完首頁的頁首及頁尾的色調之後,其餘的頁面按照上述步驟進行調整即可。

　　雖然,利用 jQuery Mobile 可以快速更改顏色,但是對於細部樣式無法修改。例如:文字色彩、大小、圖片尺寸等。以本章範例而言,標題圖片有被裁掉問題需要處理,還有文字,內容需要美化,然而,這些問題可以使用 CSS 來進行相關設定。

設定後的結果，圖片就隨著寬度自動調整，右邊就不再被切到。

範例檔案：15-13_ok.html

15-9 測試與發佈 App

在 Dreamweaver CC 中提供幾種方式在你的裝置中來安裝及測試 App。

透過「裝置預覽」功能

在 Dreamweaver CC 提供了 QR Code 讓使用者掃描 QR Code 或者直接輸入網址，將剛完成好的 App 連線至你的智慧型手機中。

第一次使用時 Adobe 公司會傳一通簡訊至你當初註冊的手機中

透過「Adobe PhoneGap Build」網站

　　雖然，我們可以使用 QR Code 的方式在手機瀏覽網站，但是一旦把開發介面關閉之後，也無法在手機上瀏覽。因此，我們可以透過 Adobe PhoneGap Build 網站，便可以製作成 App。操作步驟如下：

01 請將整個網站資料夾壓縮成 .zip 壓縮檔。（請先排除「網頁文字 .txt」，主要的原因是因為 App 不需要該文字檔，另一方面是中文檔名可能導致轉檔時出錯）

02 連接到「Adobe PhoneGap Build 網站」（https://build.phonegap.com/）

03 再輸入當初註冊的 Adobe ID 。

04 登入成功後，建立一個新的 App。

05 上傳網站的壓縮檔（.zip）。

06 上傳完畢之後，在下面會出現下圖：

07 安裝至手機。

　　PG Build App 支援 3 種模式：iOS、And roid、Windows。 本書以 Android 手機為範例，因為使用 iOS 系統需要付費註冊 App 公司的 iOS 的開發帳號，才能安裝憑證。因此，點選 Android 之後，系統會自動下載一個 .apk 安裝檔案，再把它傳送至你的 Android 手機便可在手機上測試。

本章習題

一、是非題

( ) 1. 在 Dreamweaver 中建立 jQuery Mobile 網站的方法很簡單，只要先建立一般的 HTML5 網頁，再插入 jQuery Moble 頁面即可。

( ) 2. JQuery Mobile 可以快速建立基本的網頁選單，儲存至網站資料夾後，即可完成初步選單架構。

( ) 3. 我們可以使用「插入→jQuery Mobile→清單檢視」的方式產生連接按鈕。

( ) 4. 通常公司行號中會 (c) 更改為 ©，可以使用「插入→HTML→商標」。

( ) 5. 利用 jQuery Mobile 可收合區塊的項目來製作收合功能。

( ) 6. 利用 jQuery Mobile 中的色票可以變更選單顏色。

( ) 7. 我們可以利用 PhoneGap 網站上傳製作好的網站壓縮檔，此網站可以支援文字檔。

( ) 8. 我們可以利用 google 地圖提供的「嵌入程式碼」，把它複製至網頁即可。

( ) 9. 標題圖片有被裁掉問題需要處理，還有文字，內容需要美化，然而，這些問題可以使用 CSS 來進行相關設定。

( ) 10. 下圖是使用「插入→HTML→表格」完成。

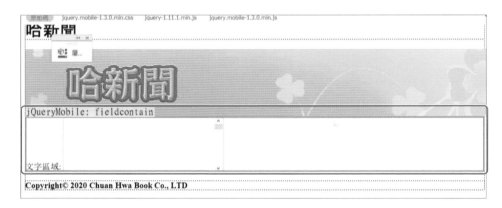

二、實作題

請利用 jQuery Mobile 模組的頁面及 jQuery Mobile 連結選單方式完成下圖。

Note

»jQuery UI 組件應用

課堂導讀

　　響應式網頁是近年來最熱門的網頁架構。我們可以使用 jQuery UI 元件產生互動式效果讓開發出來的網頁看起來更具有動態變化效果。Dreamweaver 把 jQuery UI 元件整合到系統部份，它會自動產生對應的 css、js。對於一些初學者來說，無需到 jQuery 下載組件再匯入網頁中，不用再寫一些艱深的程式語言，便能達到預期效果。

　　本章將介紹 jQuery UI 及 jQuery UI 的元件應用。例如：使用 Accordion（折疊）產生折疊面版或使用 Tabs（標籤）產生標籤式面版，簡單及容易完成折疊式面版及標籤式面版。

學習重點提要

- jQuery UI 組件介紹。
- 學習使用 jQuery UI Accordion 製作折疊式面板。
- 學習使用 jQuery Ui Tabs 製作標籤式面板。
- 學習使用 jQuery Ui Datapicker 製作日期選取器。

16-1 jQuery UI 組件介紹

響應式網頁是近年來最熱門的網頁架構。我們可以使用 jQuery UI 元件產生互動式效果讓開發出來的網頁看起來更具有動態變化效果。Dreamweaver 把 jQuery UI 元件整合到系統部份，它會自動產生對應的 css、js。對於一些初學者無須到 jQuery 下載組件再匯入網頁中，不用再寫一些艱深的程式語言，便能達到預期效果。

先前若要在網頁呈現動態的效果，例如：在網頁出現對話視窗、折疊式面板或標籤式面板等等，我們可能要寫上一段冗長程式碼或者利用 Dreamweaver 的效果產生動態效果。

Dreamweaver 中的 jQuery UI 組件提供了一些常用的元件，如表 16-1 所示，由於，Dreamweaver 2020 是屬於線上作業（Online）方式，版本會隨著版本更動會有所差異。

❖ 表 16-1　jQuery UI 元件說明

元件名稱	說明
Accordion	折疊式面板。
Tabs	標籤式面板。
Datepicker	日期選取器。
Progressbar	動態與靜態的進度指示條。
Dialog	在頁面最上層顯示對話框。
Autocomplete	根據使用者的輸入來自動完成文字欄。
Slider	完全可以自訂的滑動條與各種功能。
Button	增強按鈕外觀。
Buttonset	按鈕群組。
Checkbox Buttons	增強按鈕外觀，將複選控制項轉變成按鈕型式。
Radio Buttons	增強按鈕外觀，將單選控制項轉變成按鈕型式。

操作步驟如下：

01 新增網頁，請記得先存檔。

02 切換至「設計模式」。

03 將滑鼠移到「插入→ jQuery UI 組件」。

04 選擇打算使用的元件。

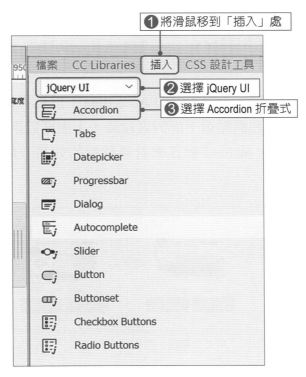

在新的網頁中，則會出現「折疊式面板」。

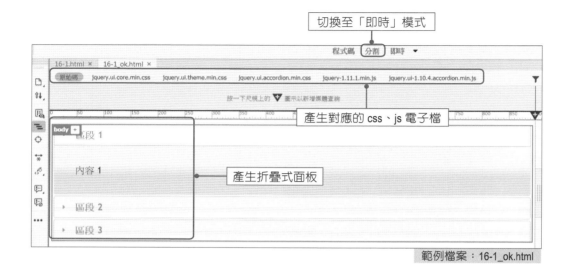

切換至「即時」模式

產生對應的 css、js 電子檔

產生折疊式面板

範例檔案：16-1_ok.html

16-2 使用jQuery UI Accordion產生折疊效果

本節主要介紹 jQuery UI 中的 Accordion（折疊）產生折疊效果的面板。運作機制為當我們點選下面的區段時，上面區段則會自動折疊起來。我們可以打開 16-3_ok.html 網頁來看看執行的效果。如圖：（參考 16-3_ok.html）。

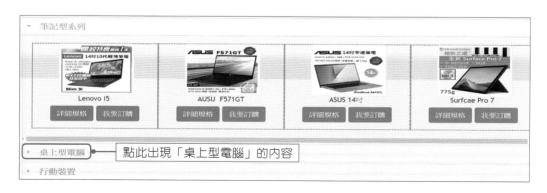

點此出現「桌上型電腦」的內容

當我們點選「桌上型電腦」時，便會把「筆記型電腦」的區段折疊起來。

以 16-3_ok.html 作為 Accordion 範例。我們希望在每個區段中展開之後，出現縮圖圖文框的畫面。因此，可以回顧第 14 章利用 Bootstrap 組件的縮圖圖文框的作法，來完成 16-3_ok.html 的網頁設計。操作步驟如下：

01 建立一個新的網頁。

02 切換至「設計模式」。

03 將滑鼠移到「插入 → jQuery UI → Accordion」。

　　系統自動產生對應的 .css、js 電子檔。如：jquery.ui.core.min.css、jquery.ui.theme.min.css、jquery.ui.accordion.min.css、jquery-1.11.1.min.js、jquery.ui-1.10.4.accordion.min.js。這些電子檔，只有在第一次建檔時會產生，第二次時應用 jQuery UI 時，系統不會再次向我們詢問是否存檔。

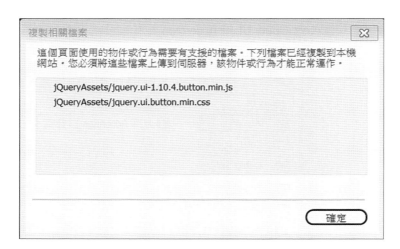

範例檔案：16-2.html

儲存檔案時會出現畫面如下：

它會儲存在 jQueryAssets 目錄區中。

D:)　>　chap16　>　jQueryAssets

名稱	修改日期
images	2020/7/6 下午 06:32
jquery.ui.accordion.min.css	2020/7/7 下午 09:20
jquery.ui.button.min.css	2020/1/30 下午 03:37
jquery.ui.core.min.css	2020/7/7 下午 09:20
jquery.ui.theme.min.css	2020/7/7 下午 09:20
jquery.ui-1.10.4.accordion.min.js	2020/1/30 下午 03:37
jquery.ui-1.10.4.button.min.js	2020/1/30 下午 03:37
jquery-1.11.1.min.js	2020/1/30 下午 03:37

　　Accordion 元件內定產生 3 個區段，每個區段的內容可以修改。可以利用「屬性面板」來調整區段的數量。我們先把編輯模式切換到「程式」模式，接著開啓 Accordion1「屬性」面板。

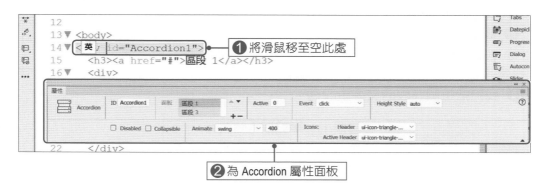

Accordion 屬性說明如下：

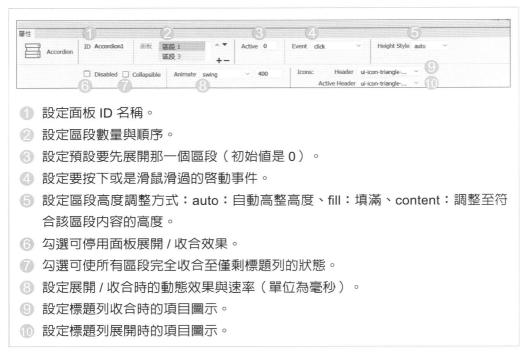

① 設定面板 ID 名稱。

② 設定區段數量與順序。

③ 設定預設要先展開那一個區段（初始值是 0）。

④ 設定要按下或是滑鼠滑過的啟動事件。

⑤ 設定區段高度調整方式：auto：自動高整高度、fill：填滿、content：調整至符合該區段內容的高度。

⑥ 勾選可停用面板展開 / 收合效果。

⑦ 勾選可使所有區段完全收合至僅剩標題列的狀態。

⑧ 設定展開 / 收合時的動態效果與速率（單位為毫秒）。

⑨ 設定標題列收合時的項目圖示。

⑩ 設定標題列展開時的項目圖示。

04 我們把每個區段的文字更改為：

區段 1　筆記型電腦系列

區段 2　桌上型電腦系列

區段 3　行動裝置系列

設定完的結果，按下【F12】瀏覽結果。

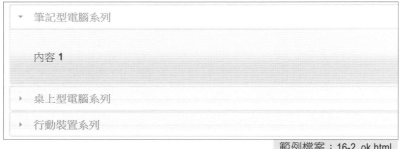

範例檔案：16-2_ok.html

05 在每個區段的內容中，參考第 14 章縮圖圖文框的操作步驟，完成「區段 1」、「區段 2」、「區段 3」的內容設定。

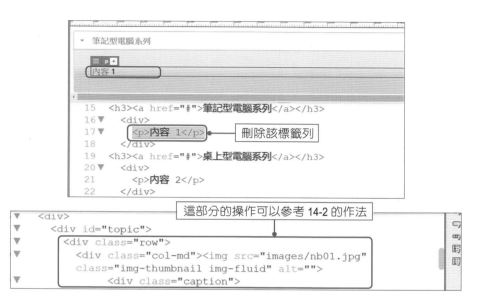

我們有使用到 Bootstrap 組件及第 14 章的 css。因此，在本範例中，我們將滑鼠移到 CSS 設計面板。

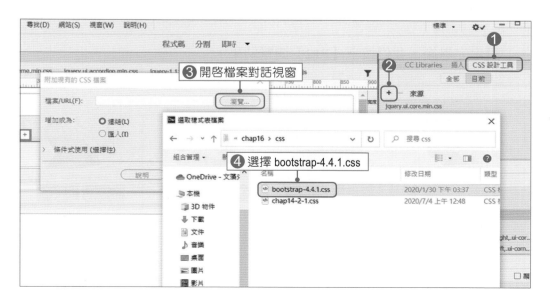

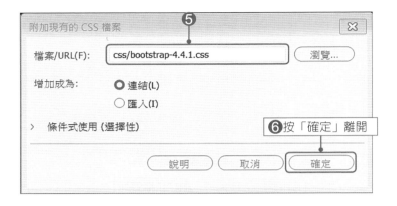

同樣的步驟再操作一次，再連結 chap16.css。

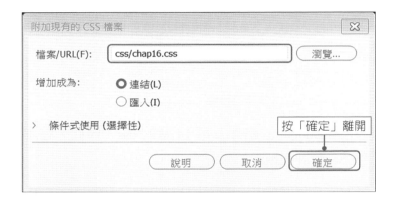

設定完畢後，我們按下【F12】瀏覽結果。

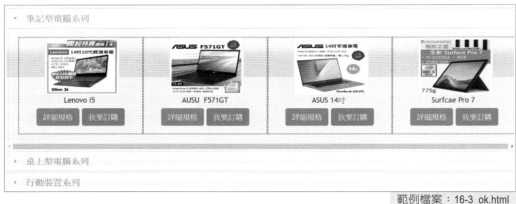

範例檔案：16-3_ok.html

重複步驟 6 的操作，陸續完成「區段 2」及「區段 3」的內容。設定完成後，按下【F12】瀏覽結果。

範例檔案：16-3_ok.html

⚙ 16-3 使用jQuery UI Tabs製作標籤式面板

本節主要使用 jQuery Ui 中的 Tabs 產生標籤式面板。Tabs 標籤式面板可以設定水平面板及垂直面板。如圖：（參考 16-4_ok.html）。

水平面板

範例檔案：16-4_ok.html

垂直面板

範例檔案：16-5_ok.html

　　以上述畫面作為 Tabs 範例。本範例結合在第 14 章 Bootstrap 組件的縮圖圖文框製作完成本節範例。操作步驟如下：

01 建立一個新的網頁。

02 切換至「設計模式」。

03 將滑鼠移到「插入→ jQuery UI → Tabs」。

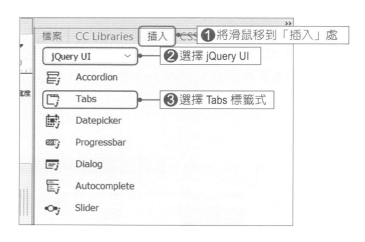

　　產生 Tabs 標籤如下：

　　系 統 自 動 產 生 相 關 的 CSS 及 js 電 子 檔 如：jquery.ui.core.min.css、jquery.ui.theme.min.css、jquery.ui.tabs.min.css、jquery-1.11.1.min.js、jquery.ui-1.10.4.accordion.min.js。這些電子檔，只有在第一次建檔時會產生，第二次時應用 jQuery UI 時，系統不會再次詢問是否存檔。

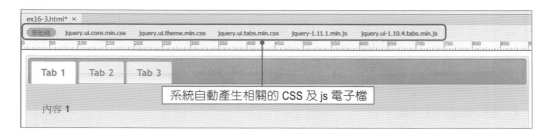

　　Tabs 元件內定產生 3 個 Tabs，每個 Tabs 的內容可以修改。我們可以利用「屬性」面板來調整 Tabs 的數量。系統產生對應的程式碼，運作機制為 "#tabs-1"，直接指向 id 名稱為 tabs-1 。我們先把編輯模式切換到「程式」模式，接著開啟 Tabs「屬性」面板。

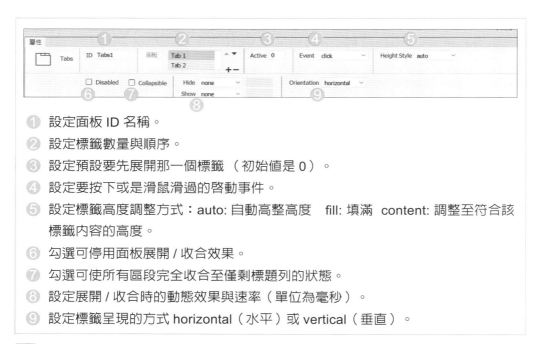

① 設定面板 ID 名稱。

② 設定標籤數量與順序。

③ 設定預設要先展開那一個標籤（初始值是 0）。

④ 設定要按下或是滑鼠滑過的啟動事件。

⑤ 設定標籤高度調整方式：auto: 自動高整高度　fill: 填滿　content: 調整至符合該標籤內容的高度。

⑥ 勾選可停用面板展開 / 收合效果。

⑦ 勾選可使所有區段完全收合至僅剩標題列的狀態。

⑧ 設定展開 / 收合時的動態效果與速率（單位為毫秒）。

⑨ 設定標籤呈現的方式 horizontal（水平）或 vertical（垂直）。

04 我們把每個標籤的文字更改為：

標籤 1　　筆記型電腦系列

標籤 2　　桌上型電腦系列

標籤 3　　行動裝置系列

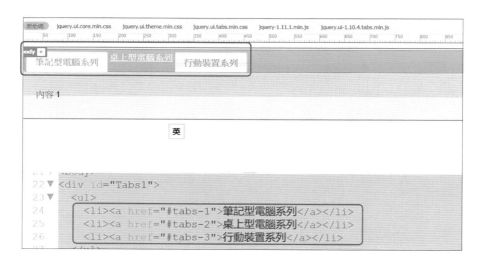

設定完成後，我們按下【F12】瀏覽結果如下：

05 在每個標籤的內容中，參考第 14 章縮圖圖文框的操作步驟，完成「標籤 1」、「標籤 2」、「標籤 3」的內容設定。

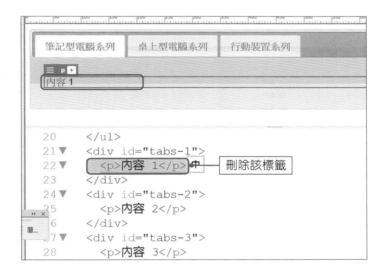

```
<div class="col-md"><img src="images/nb01.jpg"
class="img-thumbnail img-fluid" alt="">
    <div class="caption">
        <h3>Lenovo i5 </h3>
        <p>
        <button type="button" class="btn btn-primary">
        詳細規格</button>
        <button type="button" class="btn btn-
        secondary">我要訂購</button>
        </p>
    </div>
</div>
```

這部份的操作可以參 14-2 的作法

我們有使用到 Bootstrap 組件及第 14 章的 css。因此，在本範例中，將滑鼠移到 CSS 設計面板。

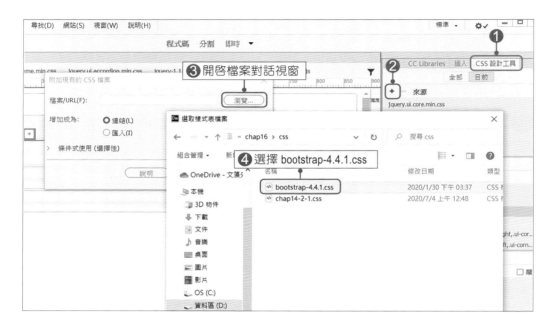

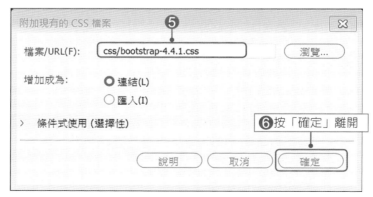

同樣的步驟再操作一次，再連結 chap16.css。

設定完成後，我們按下【F12】瀏覽結果如下：

範例檔案：16-4_ok.html

　　重複步驟 6 的操作，陸續完成「標籤 2」的內容及「標籤 3」的內容。完成設定後，按下【F12】瀏覽結果。

❶ 將滑鼠切換至「桌上型電腦系列」

範例檔案：16-4_ok.html

❷ 則出現至「桌上型電腦系列」

如果，將功能表改更改為垂直功能表。其操作步驟如下：

01 切換至「分割─即時模式」。

02 將滑鼠移至「程式碼」部份。將 id: Tab1 標記起來。

03 開啟「頁面屬性」面板，更改 Orientation 為 Vertical 。

04 完成設定後，按下【F12】瀏覽結果。

範例檔案：ex16-3-2v.html

原先的 CSS 樣式檔會讓整個版面已經超過螢幕可以顯示的頁面。因此，修改每一行可以顯示的寬度。直接改每一行可呈現的寬度為 750px。

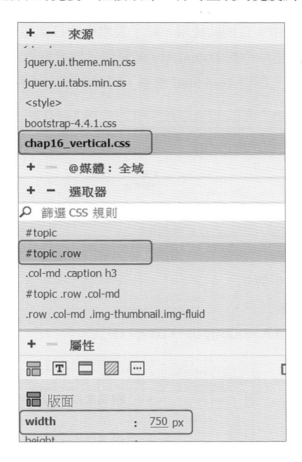

05 完成設定後，按下【F12】瀏覽結果。

範例檔案：16-5_ok.html

16-4 使用jQuery UI Datepicker製作日期選取器

網頁表單設計中，日期的使用，除了表單中的日期元件之外，我們也可以使用 jQuery UI 組件中的 Datepicker 來製作日期選取器。以訂購單爲範例（16-6.html），首先開啓 16-6.html 檔案，將滑鼠移到「訂單日期」。

訂購單

訂單編號：		訂單日期 ──**1**把滑鼠移到此處
訂購人：		
產品：		數量：
連絡電話：		行動電話：
備註：		

送出 重設

範例檔案：16-6.html

接下來的操作步驟如下：

01 切換至「設計模式」。

02 將滑鼠移到「插入→ jQuery UI → Datepicker」。

1 選擇「插入」
2 選擇 jQuery UI
3 選擇 Tabs 標籤式

檔案　CC Libraries　插入　CSS

jQuery UI

- Accordion
- Tabs
- Datepicker
- Progressbar
- Dialog
- Autocomplete
- Slider
- Button
- Buttonset
- Checkbox Buttons
- Radio Buttons

03 系統會詢問我們放置的位置，在本範例中，我們設定巢狀 Div。

系統自動產生對應的 .js 及 .css 電子檔。

Datepicker 日期選取器的屬性說明如下：

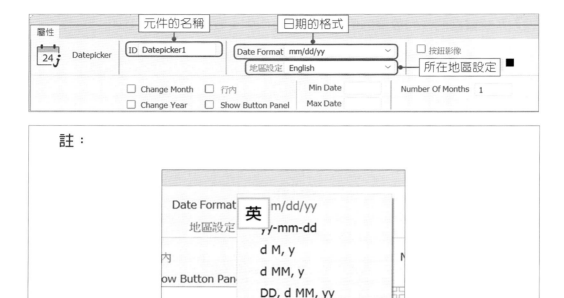

註：

日期的格式有：mm/dd/yy、yy-mm-dd、d M,y、d MM,y、DD d MM,yy。

完成設定後，按下【F12】瀏覽結果如下：

範例檔案：16-7_ok.html

執行後的結果。

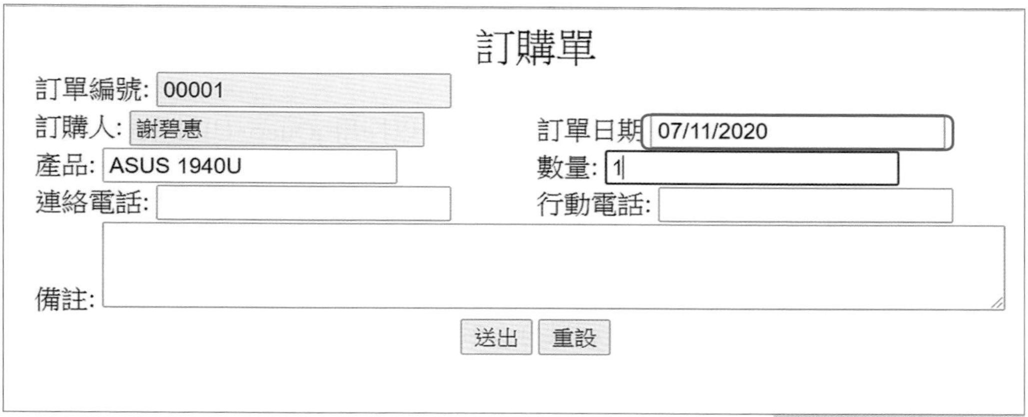

訂購單

訂單編號: 00001

訂購人: 謝碧惠　　　　　　　　訂單日期 07/11/2020

產品: ASUS 1940U　　　　　　　數量: 1

連絡電話:　　　　　　　　　　行動電話:

備註:

送出　重設

範例檔案：16-7_ok.html

本章習題

一、是非題

( ) 1. Dreamweaver 整合 jQuery UI，很快速提供了動態效果，不用撰寫太多的程式碼。

( ) 2. 若是我們打算做出折疊式面板，可以採用 jQuery UI 中的 Accordion 的元件。

( ) 3. 第一次使用 jQuery UI 時，它會自動產生對應的 .css、.js 的電子檔，系統會在網頁的目錄中的 CSS 目錄區中。

( ) 4. Accordion 元件中內定只有 3 個區段，若是要增加或刪除區段可以直接從 Accordion 屬性面板中來進行異動。

( ) 5. 若是我們打算做出標籤式面板，可以從 jQuery UI 中的 Tabs 的元件新增。

( ) 6. Tabs 元件中內定只有 3 個標籤，若是要增加或刪除標籤可以直接從 Tabs 屬性面板中來進行異動。

( ) 7. Tabs 元件屬性面板觸發事件只有兩種：click 或 mouseover。

( ) 8. 若是我們想要設計一個採購單的表單，可能用到的元件有：文字、文字區塊、日期。其中，跟日期有關部份，我們可以結合 jQuery UI 中的 DatePicker 日期選取器。

( ) 9. DatePicker 日期選取器的日期格式有 mm/dd/yy 、yy-mm-dd、d M,y、d MM,y、DD d MM,yy。

( ) 10. 我們可以直接指定 DatePicker 日期選取器的開始日期。

二、實作題

1. 請利用 jQuery UI 元件中的 Accordion 元件建立該網頁。

範例檔案：16-8_ok.html

區段	文字說明	圖片來源
區段 1	崗山之眼	ex16-5-1.jpg
區段 2	旗山老街	ex16-5-.2.jpg
區段 3	華一農場	ex16-5-.3.jpg

文字部份：16-8.txt

CSS 部份：16-8.css

Note

Note

Note

Note

Note

國家圖書館出版品預行編目資料

Dreamweaver 網頁設計輕鬆入門：Dreamweaver
CC 2021/謝碧惠編著. -- 初版. -- 新北市 ： 全華圖書,
2020.11
　　面 ； 　公分
ISBN 978-986-503-517-4(平裝附光碟片)
1.Dreamweaver(電腦程式) 2.網頁設計　3.全球資訊網
312.1695　　　　　　　　　　　　　　　109016565

Dreamweaver 網頁設計輕鬆入門：

Dreamweaver CC 2021(附多媒體光碟)

作者 / 謝碧惠

發行人 / 陳本源

執行編輯 / 王詩蕙

封面設計 / 戴巧耘

出版者 / 全華圖書股份有限公司

郵政帳號 / 0100836-1 號

印刷者 / 宏懋打字印刷股份有限公司

圖書編號 / 06458007

初版二刷 / 2022 年 09 月

定價 / 新台幣 490 元

ISBN / 978-986-503-517-4(平裝附光碟片)

全華圖書 / www.chwa.com.tw

全華網路書店 Open Tech / www.opentech.com.tw

若您對本書有任何問題，歡迎來信指導 book@chwa.com.tw

臺北總公司(北區營業處)
地址：23671 新北市土城區忠義路 21 號
電話：(02) 2262-5666
傳真：(02) 6637-3695、6637-3696

南區營業處
地址：80769 高雄市三民區應安街 12 號
電話：(07) 381-1377
傳真：(07) 862-5562

中區營業處
地址：40256 臺中市南區樹義一巷 26 號
電話：(04) 2261-8485
傳真：(04) 3600-9806(高中職)
　　　(04) 3601-8600(大專)

2020.09 修訂

讀者回函卡

掃 QRcode 線上填寫 ▶▶▶

姓名：　　　　　　　生日：西元　　　　年　　　月　　　日　性別：□男 □女

電話：(　　　)　　　　　　　手機：

e-mail：(必填)

註：數字零，請用 Φ 表示，數字 1 與英文 L 請另註明並書寫端正，謝謝。

通訊處：□□□□□

學歷：□高中・職　□專科　□大學　□碩士　□博士

職業：□工程師　□教師　□學生　□軍・公　□其他

學校/公司：　　　　　　　　　　科系/部門：

・需求書類：

□ A. 電子 □ B. 電機 □ C. 資訊 □ D. 機械 □ E. 汽車 □ F. 工管 □ G. 土木 □ H. 化工

□ I. 設計 □ J. 商管 □ K. 日文 □ L. 美容 □ M. 休閒 □ N. 餐飲 □ O. 其他

・本次購買圖書為：　　　　　　　　　　　　　　　書號：

・您對本書的評價：

封面設計：□非常滿意　□滿意　□尚可　□需改善，請說明

內容表達：□非常滿意　□滿意　□尚可　□需改善，請說明

版面編排：□非常滿意　□滿意　□尚可　□需改善，請說明

印刷品質：□非常滿意　□滿意　□尚可　□需改善，請說明

書籍定價：□非常滿意　□滿意　□尚可　□需改善，請說明

整體評價：請說明

・您在何處購買本書？

□書局　□網路書店　□書展　□團購　□其他

・您購買本書的原因？(可複選)

□個人需要　□公司採購　□親友推薦　□老師指定用書　□其他

・您希望全華以何種方式提供出版訊息及特惠活動？

□電子報　□DM　□廣告 (媒體名稱　　　　　　　　　)

・您是否上過全華網路書店？(www.opentech.com.tw)

□是　□否　您的建議

・您希望全華出版哪方面書籍？

・您希望全華加強哪些服務？

感謝您提供寶貴意見，全華將秉持服務的熱忱，出版更多好書，以饗讀者。

填寫日期：　　　/　　　/

親愛的讀者：

感謝您對全華圖書的支持與愛護，雖然我們很慎重的處理每一本書，但恐仍有疏漏之處，若您發現本書有任何錯誤，請填寫於勘誤表內寄回，我們將於再版時修正，您的批評與指教是我們進步的原動力，謝謝！

全華圖書　敬上

勘 誤 表

書 號		書 名		作 者
頁 數	行 數	錯誤或不當之詞句		建議修改之詞句

我有話要說：(其它之批評與建議，如封面、編排、內容、印刷品質等・・・・)